マンガ 物理に強くなる

力学は野球よりやさしい

関口知彦　原作
鈴木みそ　漫画

ブルーバックス

装幀／芦澤泰偉・児崎雅淑
カバーイラスト／鈴木みそ

原作者のまえがき

高校で科目の選択制が採り入れられるようになってから、物理を選択する生徒が減ってきています。どうやら生徒たちには、物理＝計算、物理＝難解という先入観があるようです。しかし、じつは誰でも物理をすでに理解しているのです。たとえば、野球でボールを狙い通りに投げたり打ったり捕ったりできるのは、物理法則にかなった動きをしているからに他なりません。

それなのに、物理を面倒で難しいと感じるのはなぜか。速度、加速度、慣性、質量、力など多くの概念が次々に登場して頭を悩ますことも原因の一つでしょう。また現象によっては、直感や日常感覚とは違うので、知識が定着しにくいことも理由かと思います。たとえば本書でも扱っている「重いものと軽いものを同じ高さから同時に落としたら、どちらが速く落下するか」、「大きな車と小さな車が衝突したとき、及ぼしあう力の大きさはどうなるか」について、その答えは多くの読者が感覚的に予想することとは違っているのではないでしょうか。

しかし速度や加速度、力のはたらき方なども、いったんポイントをつかんでしまえば難しいものではありません。体を動かさなくてよい分、野球よりやさしいかもしれませんよ。そこで、野球部のエースで四番のデンチュー君といっしょに、物理の世界を見ていくことにしましょう。

現代の物理学は、イタリアのガリレイ（一五六四～一六四二年）が「物体が速度を保とうとする性質を持つ」ことを見出したことから始まりました。そしてイギリスのニュートン（一六四二〜一七二七年）が物体の運動を三つの基本法則にまとめました。

一つめはガリレイが発見した「物体は、はたらく力がつりあっていれば等速度運動をする」という慣性の法則、二つめは「物体に力が加わると力の方向に加速度を生じ、加速度の大きさは力の大きさに比例して質量に反比例する」という運動の法則、そして三つめが「力は物体どうしで及ぼしあう相互作用。その際、力の大きさは等しく向きは反対」という作用反作用の法則です。

私が、もっとも興味を惹かれるのは、作用反作用の法則がどんな場合も例外なく成り立つことをニュートンはどのように見抜いたかということです。この法則は、万有引力の法則を導く過程でも使われています。

ところで、ニュートンの運動の三法則はどんな場合も成り立つのでしょうか。これは、観測者の立場の違いによって物体の運動がどのように見えるかという「相対性原理」の話になります。

たとえば、観測者が電車の中でボールを投げたとします。ボールの運動は、電車が地上に対して静止している場合と、等速直線運動している場合ではまったく同じに見えるので（どちらの場合にも物体の運動について同じ法則が成り立つ）、物体の運動を見て観測者が絶対に静止しているとか、絶対に動いているとかが言えなくなります。これをガリレイの相対性原理といいます。

ところが、電車が加速度運動している場合は違ってきます。ニュートンの運動の法則はそのままでは成り立ちません。そこで導入されたのが「慣性力」ですが、この力の性質が重力と似ていることに気がついたアインシュタインは、有名な「一般相対性理論」へと発展させました。

さて、先人たちは、自然に対してどのようにアプローチしてきたのでしょうか。

ガリレイ以前は「なぜそうなるのか」が思索されてきました。しかし、ガリレイ以降は「自然はいかにあるのか」を思考実験や実験を繰り返すことによって見出すという方法をとったのです。これが、いわゆる科学的精神です。その過程で発揮された先人たちの直感力、洞察力にはただただ驚嘆するばかりです。彼らは、直面する問題に対して常にその解決のために考え続けたからこそ正しい結論を得ることができたのではないでしょうか。問題意識を持ち、その解決のために努力すること、それがいちばん大切なことだと思います。

このマンガを読んで、主人公のデンチュー君のように、物理を学ぶことの楽しさを知り、自然のすばらしさ、奥深さを発見する喜びを味わっていただけたら、原作者としてこの上ない幸せです（物理を選択する生徒が増えればさらに嬉しい！）。

最後に、まとまりのない原作をかみ砕いてわかりやすく楽しいマンガに仕上げてくださった鈴木みそ先生と、辛抱強くおつき合いいただいたブルーバックス出版部に心から感謝いたします。

関口知彦

二〇〇八年八月

マンガ　物理に強くなる——もくじ

第1章
物理は野球より やさしい

ウォオオオッス
カキーン
……でおまえは
…………
…
……
松山
聞いてるか？
4番ピッチャー松山！
はい！

おまえの頭ン中は野球ばっかりか
す…すいません
な…なんの話でしたっけ？
このままだと赤点で留年しちまうぞっエースよ
という話だが？
す…すいませんよく聞こえましたから
先生…もうちょっと声を抑えて…
くすくす
バットでボール打つってな物理学だな
あっそうかもしれません
それがあんなに上手なのに理屈はさっぱりか
いやあ……
ははは

どんなにボール遊びがうまかろうが
30点以下の者は卒業させねえからな
夏の全国高校野球選手権大会地区予選
…のニュース聞きながら学校で補習出るってなつれーぞー
…………
頭使うってことは大事なことだからな
たまには筋肉以外も本気ではたらかせてみろ

次のテストはやる気を見せろよ
ということでいってよし
失礼しました
ー！
ふぃー
いやぁ厳しいですなぁ牧野先生
今年はひょっとして甲子園もあると学園中の話題なんですけどねえ
ギロ
学生の本分は
ああすいませんそのとおりです

おっしゃあぁあああああ！
デンチュー
どうだった鬼の牧野は？
やっぱりこのままだと夏の補習だってよ
マジかよ
牧野はシャレがきかねえって先輩たちが言ってたもんな
バカだな物理なんて選択するから
なあんも考えてなかった
バカだしオレ
バカだよなぁただでっかいだけで…
しみじみ言うなよ

外野バーック
飛ばすぞー！
くそ
まき
のっ
あり？

シュルルルルルルル
やばくねえ?
ファー!

あぶなーい！
?
ゴン

うわあ！
誰か顧問
呼んでこい
きゅっ
救急車！
とっ
とにかく
保健室へ！
宇宙物理学

ん……
あ……
だいじょうぶですか！
あいたたたたたた

たいへん申し訳ありませんでしたー！
うっす
……
病院？じゃなくて保健室か
自分の打ったファールボールが直撃してしまって！
ボール？
どんなボール？
へえ硬いのね
硬式というくらいですから……

＊ １オンス（OZ）＝28.3495g

何メートルの高さから落ちてきたのかわかる？
高さ
http://www.goole.com
Google
それが何なんですか？
高さがわからないと衝撃の大きさが測れないでしょ
パパパ
たとえば100メートルの高さから落ちてきたとすると
100m
衝突時の速度vは
$v^2=2gh$
だから
$v=\sqrt{2\times9.8\times100}$
$=44.3$ m/s
時速にすると……

159km/h
うーん……
あっ
大丈夫ですっ
そんな高さに
打ち上げられる
人はいません！
プロでも滅多にあたらない東京ドームの天井の高さが約60メートルですから
＊せいぜい70キロから80キロじゃないかと思います
高さがわからないのになんで概算できるの？
野性のカンです

＊ 衝突時の速さが 70km/h のとき→高さ 19.3m　80km/h のとき→高さ 25.2m

ぶっ
えっ
えーと
ですね
……
自分たちは毎日
120キロから
130キロの
スピードを
見慣れて
いますから
それが
どれくらいの
速さか
わかります
あのファールボールに
それほどの力は
ありませんでした

へえ
力ね
あらためてすいませんでした
自分は3Lの松山さとると申します
私は3Aの久保聡美っていいます
はじめまして

くぼ…
くぼ
さとみ
久保
聡美！
学年トップの
久保聡美
さん！
た…
大変だ！
学園の頭脳に
傷を！
ポリポリ
ノー
プロブレム
たいした
ことないから
ポリ
どうせ
変わり者の
度数が
高くなる
だけよ
それより
めがね
知らない？

ありゃ
すいません弁償しますんで
そんなことより
大きいねー松本くん
ムダにでかい松山っす
188センチありまして電柱って呼ばれてます

ぶっ
デンチュー
うん
じゃもう
平気だから
帰るわ
そっちは
窓ですけど
お
そうか
…
クリケット
の練習は
いいの？
野球
ですっ

いちおう4番でピッチャーやってて
へえ
すごいリアクションだなぁ……
もしかマジ野球を知らない？
イギリスだとマイナースポーツなのよ
帰国子女ですかっ
なるほど説得力のある体してるね
あひゃひゃひゃひゃ

くすぐらないでっ
だいじょうぶ減らない
それはギャグなんですか？
久保さんもなにかスポーツやってんでしょ
わかる？
さっき運んだときずいぶん筋肉質なんだなあって
なに⁉
ムネさわったね
さささわってないっす！

まっ
いいか
減らない
し……
いいのか
よ！
減るとか
減らないとかが
行動の基準
なんすか
エネルギー
は不滅なの
知ってる？
ガリレイは
言いました
どうせ
減るもん
じゃなし
えええ
ガリレイ
が？

ぶーっ
あ……
どっどうせ物理は赤点すよ
くそっ
物理の点悪いんだ……
なんで?

だって運動するボールを上手に扱うんでしょ?
牧野と同じこと言うなあ
ロボットをプログラムするとわかるけれど
飛んでいるボールを取るのって難しいのよ
そりゃロボットは……
人も同じように演算して動いてるのよ
落下する場所が瞬時にわかるのは
それだけ優れた計算能力を持っているから
じゃない?
うっそー
ないないないない

ボールは五感で追いかけるものっす
考えていたら間に合わない
だから毎日いやんなるくらい繰り返して体に覚えさせているんだと思う
面白いとても面白いよデンチューくんって
え？
直感はサイエンスではとても重要なんだけども
同時に正しいスジ道のじゃまをすることもあるの

ほんの少し
考え方を
変えるだけで
物理が
突然わかる
ようになる
かもよ？

第2章
常識を疑え！

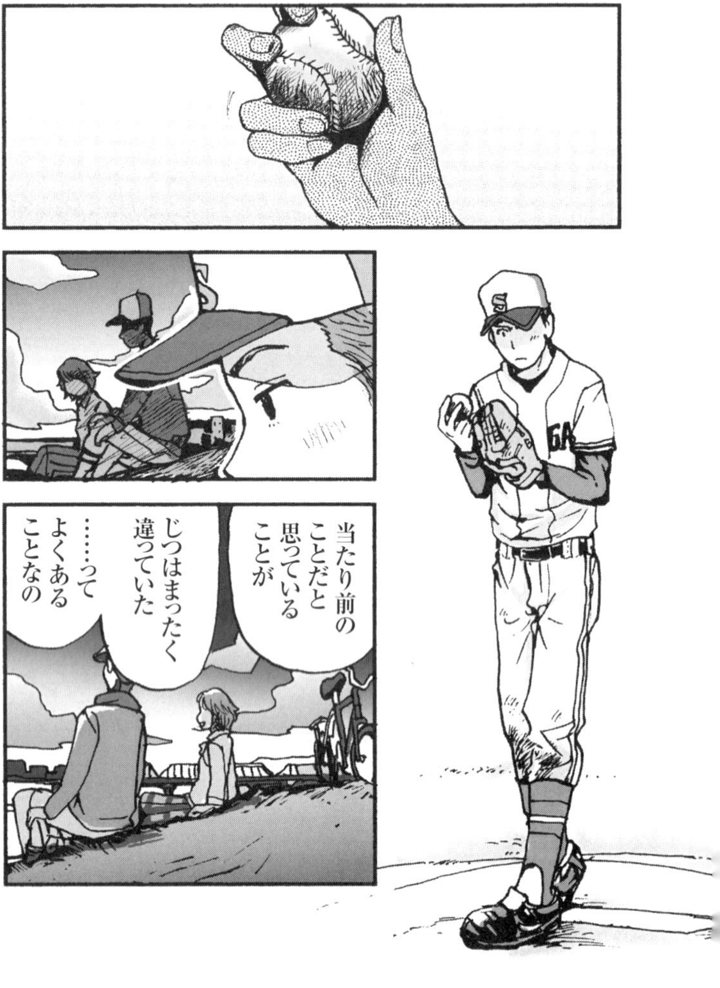

当たり前のことだと思っていることが
じつはまったく違っていた……ってよくあることなの

たとえば重さが違うものを同時に落としたら
重いもののほうが速く落ちるような気がする
え？
重いほうが速く落ちるでしょ？
そう思うよねー
それが直感的な考え方
重いほうがより強い重力で引っ張られるから速く落下する
……うん
ではここに
大小二つの石があります

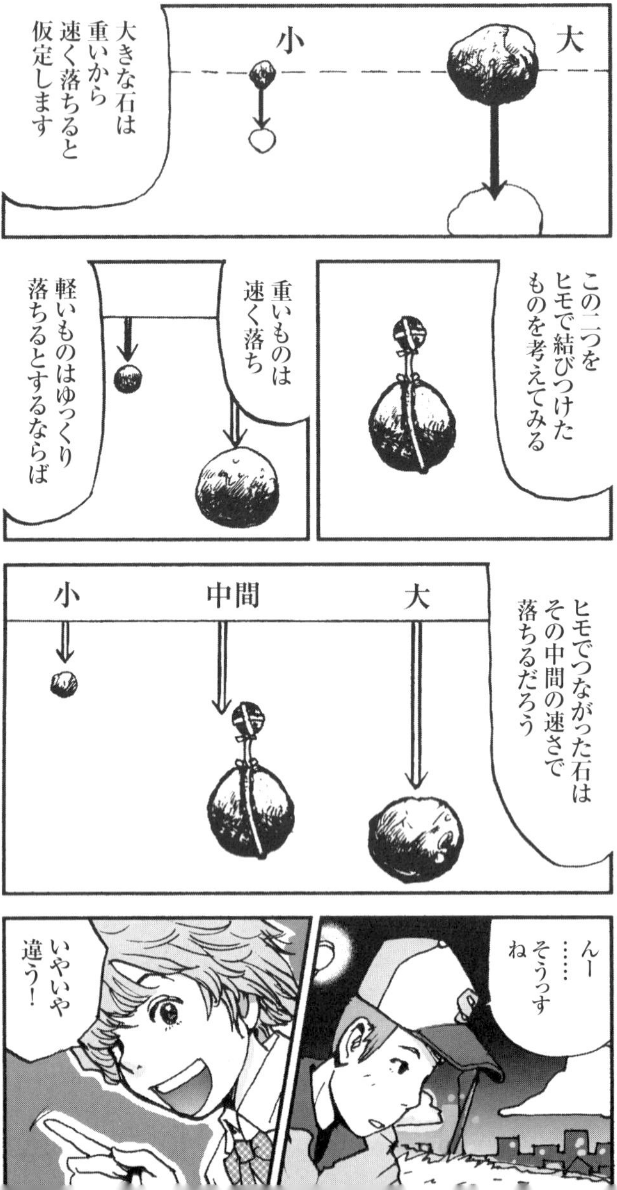
大
小
大きな石は重いから速く落ちると仮定します
この二つをヒモで結びつけたものを考えてみる
重いものは速く落ち
軽いものはゆっくり落ちるとするならば
ヒモでつながった石はその中間の速さで落ちるだろう
大
中間
小
んー……そうっすね
いやいや違う!

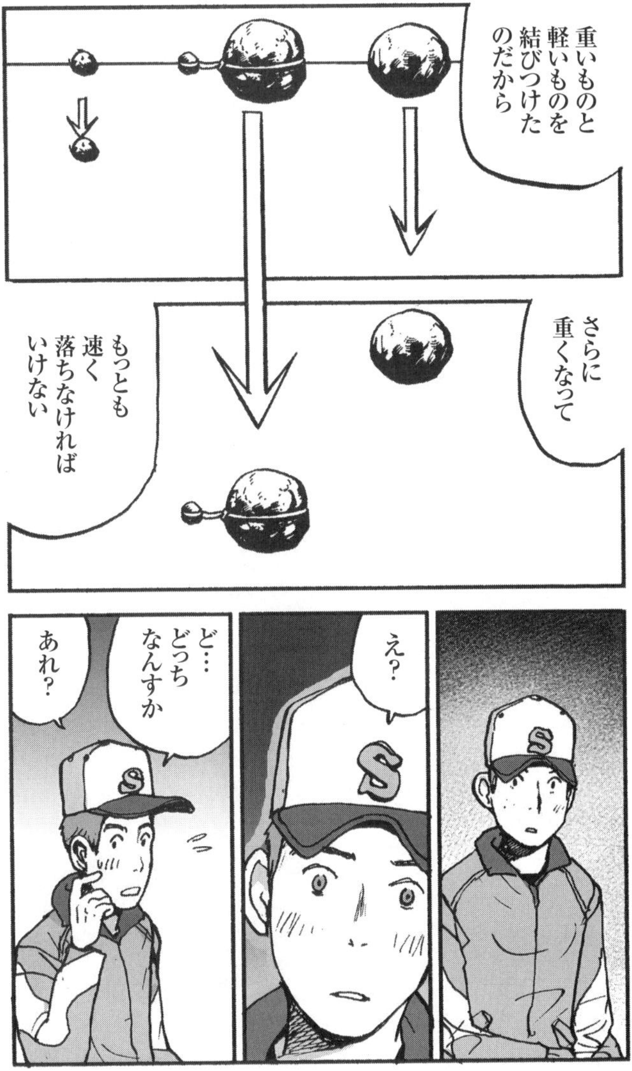
重いものと軽いものを結びつけたのだから
さらに重くなって
もっと速く落ちなければいけない
え？
ど…どっちなんすか
あれ？

どちらの考え方も正しいの
なのに相矛盾した結論が出てくる
ということは……
前提が間違っている！
ゴッ
カッ

軽いものも重いものも同時に落ちる
——ならば矛盾しない
えええええ？
にわかには信じられないよね
ガリレイが出てくるまではみんなそう思ってた
今のヒモの思考実験もガリレイさんのオリジナルです
理論を証明するためにピサの斜塔から鉛玉と木の玉を同時に落としたと言われてる

ああ
ピサのシャトーのガリレイって聞いたことがあるよ
それかー
本当は実験はやってなくて
後から作られた伝説だって言われてるけどね
……
ザッ
ものが落ちるとはどういうことなのか
当たり前と思っていることは本当はどういうことなのか
ジャポ

日常感覚を疑え
常識を疑え
……
物理は計算だらけで難しい学問
――という思い込みを疑え

物理は
決して難しくない…か
ザッ
トン
うーん……
言われてみれば同じような気もするし…
違うようにも思えるしー
なにしてんだデンチュー
うーん……

いたっ
うっす
ん？
教えて
いただきたい
ことがあり
ましてっ
あー
電信柱
くん…
じゃない
デンチュー
の松山です

球の重さ？
野球の常識を疑い始めたら
もう大変なんす
おーいデンチュー
一年じゃ球が軽いデンチューがシート投げてくれ
角度のあるやつをドスンとよっ
……
同じ球なのに重さが違うって
どういうことすか

同じ球で同じ速度で重さが違う……
私はベースボールほとんど知らないけど
ボールの質が一定でないとかでなければ
考えられるのは球の回転かな……
回転！
手元で伸びるとか球のキレというのも
なんだかわけわかんなくなっちゃって
だいたいなんで球は曲がるんすか

球が曲がるのは
じつはとても難しい話よ
シュシュシュル…
回転する物体は計算が複雑でちょっと面倒なの
はっ
マグナス力による空気抵抗の違い
——という話になるのかな
ごめんね私もよくわからないんだ
そーなんすか
角度のついた坂を台車が滑る実験がよくあるでしょ？
摩擦はないものとする——ってやつ

あるある
あれに丸いものがないのは
転がると計算が超複雑になるから
高校生レベルの問題では決して転がらない
もし丸い球があったとしても
スー
この球は滑り落ちているものとする
滑り落ちているものとする！
そう！滑り落ちているものとする
なので私たちレベルの物理では野球の球は回転しない
うわっ
もちろん空気抵抗もなし

空気のない空間を
まっすぐ飛んでいるものとする
回転しない球が
つまんない世界っすね
スポーツって複雑だから面白いって部分も多いからね
すごいことやってるんだよスポーツマンは
そうだでは一つ問題
空気抵抗も回転もない世界で
地面と完全に平行に球を投げます

同時に同じ高さから球を真下に落とします
どちらが先に地面につくでしょうか
そりゃ下に落としたほうが速く落ちるでしょ
いいねーデンチューくんはー心が洗われるようだわ
あっ またバカにされてる！

だってゆっくり投げたら同じかもしれなくても
ポーーン
肩がいいほど遠くまで飛ぶわけっすよ
ビュッ
うんうん
球が速けりゃ速いほどずっと遠くまで飛ぶわけだからなかなか地面に落ちないっすよ
ビローン
うん
セロハンテープは……

100円玉
二つ
ある？
台紙を
こうつけて
テープ
こっちと
こっちに
100円玉を
載せて
いい？
よく音を
聞いてて

チャリーン
!?
わかった？もう一回やるよ
こうして弓を引くみたいにすると
こっち側は弾かれて水平に飛び出すし
こっち側は真下に落ちるでしょ？
すげえ
頭いいマシン……

どんなに力いっぱい弓をしぼっても
ギギギ
ビン
チャリーン
同時だ
ねっ
えええ⁉でもでも強く遠くへ投げれば絶対に……
それは無意識に上に向かって投げてるから

そーかなー……
いやいや……
どこまでもどこまでも飛んでいけば……
地面にいつまでも届かないくらい速く飛べば
おー！
たしかに例外はあるよ
地面は平らじゃなくて丸いから
丸い？
だって地球は丸いでしょ

とてつもない速さで水平に打ち出せば
落ちてはいるけれども地面が丸いから地面につかない
ずっと落ち続けることができる
人工衛星はそうやって回ってるんだよ
へええ！
でもそこに気づくとはセンスあるね
気づいてねえって
いやたいしたもんだと思う
えーそうなのかなー
ポン
ポン

やっぱり教え方がうまいんじゃないすか
あはははほめあうのって日本人っぽくないね
牧野もこういう風に教えてくれっていうんだよ
他人のせいにしちゃいかんね
……
……
エースの松山様と久保聡美が……
なに？付き合ってる？
ががーん
うそー
いやいやいやいやいやいやいやいや
まだそんな匂いはしてない
うん
まだチャンスはあるはず！

よかったら ちょっと 物理の勉強 を……
ガラッ
忘れもの 忘れ…
あれ？
やん おじゃま だったぁ？
ううん ぜんぜん
でもめずらしい 久保さんが こんな時間まで 教室にいる なんて
えーと 同じクラス の…
田所えいみ
まだ名前 覚えられて ないし

えーと自分はー
3Lの松山さとるくん
もちろん知ってるわよー
我が校のエースで4番じゃない
へえ有名なんだデンチューくん
え？
――っていうか知らない人いる？
ボリボリ
えー？
……
それで今日は練習はないんですか
もちろんあるんだけど
気になることがあったんで……
――っていうより
それどころじゃなくて

物理のテストをなんとかしなければ……
ボクらの夏が終わってしまうかもしれなくて！
そんな話だっけ？
言ってませんでしたっけ？
それで我が学園の頭脳聡美チャンのおでましなんだ
いや別に教えてるわけじゃなくて
あっそれでもし
よかったら
物理を教えていただけませんでしょーか

おれバカなんでこんなこと言えた義理じゃないいんすけど
久保さんに教わったら物理が理解できるような気がするんです
いいよ
放課後ちょっとなら
うっしゃあぁ
もしよかったら！
私も一肌脱がせてください

学園のために
みんなの夏のために
力になりたいんです
物理はそこそこ得意ですから
それともやっぱりおじゃまでしょうか？
いやべつにいいんじゃない？
う…うん
よしっ

これで聡美を牽制しながら
この夏松山様を落としてみせる！
メラ
これで
赤点をなんとかできるかも！
メラ
がんばりましょうねっ
え？
なにを？
なにをって……
それは……
夏を！
？
夏を？

ふふふ
こんなボサボサ頭の女に負けっこないしー
やっぱり日本人ってよくわからないなあ…
やべえもうこんな時間か！
じゃあ明日からよろしくお願いします
タタタタ
よろしくね聡美さん
ん
おほほほほほほほほ
本当にあんな笑い方する女いるんだ……

第3章
「変化」と「変化の速さ」

どうして重さの違うものが同時に落ちるかといえば？
それは重力がはたらいているからです
重力とはそういうものですから

で
いいんです
よね?
そんなこと
よりも
試験で大事
なのは
落下はどんな
運動なのか
表すこと
です
物理の基本は
「物理量」と
「単位」を
しっかり押さえる
ことだと思います
ぶ
ぶつりりょうと
たんい……
すか
ぶつりりょー
って…
なに?
「位置」「速度」
「加速度」「質量」
「温度」…
という量を
定義する
それが
「物理量」
なんだけど
…
聞こえて
ない

聞いてるんすけどぉ……
いつものようにわからない世界が広がってきてぇ……
大丈夫デンチュー耳をふさがないで
ポンポン
物理学はとてもシンプル
たぶん言葉がわからないだけ
物理の言葉がね
物理の言葉……
「数式」というのがこの世界の言葉なのよね
数式……
思ってるより難しいものじゃないから

頭はわからなくても体は知ってると思うよ
へ？
車が時速50キロで2時間走りました
何キロメートル走ったでしょうか
……100キロ？
ほらわかってる
50[km/h]×2[h]=100[km]
単位を[ ]で囲むとこういうこと
50[km/h]×2[h]=100[km]
速さ
時間で
これが距離

縦3メートル横2メートルとして
3m
2m
長さと長さをかけてみると?
3[m]×2[m]=6[m×m]=6[m²]
メートル
メートル
平方メートル
ほら面積でしょ?
うん……
では「距離」を「時間」で割りました
10[m]÷2[s]=
これは何でしょう
うううううう
5……
5…何?

単位もそのまま計算しちゃうの
$10[\mathrm{m}]\div 2[\mathrm{s}]=\frac{10[\mathrm{m}]}{2[\mathrm{s}]}=\frac{5[\mathrm{m}]}{1[\mathrm{s}]}=5[\mathrm{m/s}]$
メートルパーセコンド
日本語ではメートル毎秒っていうね
1秒あたりの位置の変化……
つまり「速さ」なのね
ほらほら時速っていうでしょ
この場合は秒速だけど…
じつは
力学では基本的な単位はたった三つしかないのです
ええ?

長さの単位[m]メートル
質量の単位[kg]キログラム
時間の単位[s]秒
この組み合わせでほかの物理量の単位を表すようにしてる
……
それだけ?
そ
それって握りはカーブとまっすぐとフォークだけで全部の球種を投げれちゃうみたいな話?
?
やっとあたしの出番がっ!!
そうそうそんな感じです!
色の三原色みたいなものなんだけど
大丈夫伝わったと思う

これをそれぞれの頭文字をとって
「MKS単位系」といいます
慣れちゃえば簡単で便利だから
あわてないでのんびり覚えていこー
うーっす
一番注目すべきは「変化」だから
変化！
そそ

なにかが変化
したら
それを
物理量の変化と
とらえてみる
温度の変化
速度の変化
物体の位置
の変化……
その変化量を
計算してみる
の
たとえば
身長が
155センチから
161センチに
変化したとする
計算式
は？
式！
161[cm]−155[cm]=6[cm]
かな……
いいよ
今みたいに
変化後から
変化前を引く
のが正解
オッケー！
6センチ
増えました
体重が53キロ
から47キロに
なりました
というのは
ー？

47[kg]−53[kg]=−6[kg]
おー
6キロ減りましたー
あたしあたしダイエット成功ー！
変化には「速い」ものと「遅い」ものがあるけど
半年で減った場合と
2ヵ月で減った場合はどっちが速い？
そりゃ2ヵ月のほうが
その式は？
うー…
別々の式でいいよ
2ヵ月でそんなに絞ったらリバウンドしちゃうじゃん…
かんけーないのはわかるけど
どーしても気になるのよ！

2ヵ月で6[kg]減　$-\frac{\overset{3}{\cancel{6}}\,[\mathrm{kg}]}{\underset{1}{\cancel{2}}\,[月]} = -3\,[\mathrm{kg}/月]$

6ヵ月で6[kg]減　$-\frac{\overset{1}{\cancel{6}}\,[\mathrm{kg}]}{\underset{1}{\cancel{6}}\,[月]} = -1\,[\mathrm{kg}/月]$

こ…
これで？
グーッ
単位時間あたりの変化量で変化の速さを表します
そして変化には原因がある
そうそう！大変だったんだからー
食べ過ぎのあとの絶食？
そそそうよ……
原因があって結果がもたらされたこれをサイエンスの世界では

因果律といいます
いんがりつ
変化には必ず原因があるということを前提にして考えていく
変化の原因はなにか
変化の程度はなにで決まるか
それらの関係を実験的に確かめ
法則性をみつけ出し
数式という言葉で記述する
どう？
科学って美しいと思わない？

この角度
夕日に映るシルエット
印象に残る言葉
この女ちょっと変な天然キャラだと思っていたら
できる！
でもエイミ負けない！
ブチッ
本当にただの天然

第4章
「速度」と「加速度」

それでは今日は
運動とはなにかというところから始めるね
それは正確に言うと
キキ…
時間の経過とともにその位置を変化させること
運動も変化なのか

1秒に一度点滅するライトがあるとします
パッ
真っ暗の中で光だけが時々光って見えます
パッ
パッ
こっちへ動いていったとすると
パッ
パッ
パッ
パッ
こんな風に光が見えた
うん
じゃこの二つで速いほうはどっち?
ええと……上のほうが回数が少ないから……
上のほうが速い!
ドン
OK!

ではこの三つの
パターンで
わかることは？
(ア)
(イ)
(ウ)
アより
イのほうが
速くて…
ウは
だんだん
速くなって
いってる
……
かな？
さすが
松山クン
うん
デンチュー
わかってる
ね
アとイは
速さが一定
の運動で
向きも速さも
変わらない
ので
等速直線
運動
っていう
速度が変わらず
一定という意味で
等速度運動
ともいうよ
等速
ド運動…

ご…ごめん
くくくくくく
ちょっと力入りすぎかなー
ド運動は…
あーだめだはまったー
失礼ー
ご…ごめ…ぶぶぶぶー
スーハースーハー
でもなんでドがつくかっていうとー…
これとても大事なことなんだよ
「速さ」と「速度」は違うものだから

2台の電車が反対方向に走ってるとするね
「速さ」はどちらも時速60キロ
60km/h
うん
でも右に行く電車と左に行く電車は到着地点が違うよね
うんうん
こっちをプラス60キロとすると
+60km/h
反対向きは
-60km/h
マイナス60キロと考える
それが「速度」
運動の向きまで含めた量を速度というわけ

それって
分けて考える
もん？
うん
たとえばね
ヒュン
ヒュン
ヒュンッ
アメ
こういう
回転する
運動は
「速さ」は
同じでも
方向は変わり
続けてるから
「速度」が
違ってるでしょ
速度を
矢印で
書くとこんな
感じ
ぱくん
こういう
向きを含めた
量を
「ベクトル量」
というんだ
けど

ベクトル…
どうどう どうどう
大丈夫 難しくない から
このウみたいにだんだん速くなっていく運動は加速度運動っていうの
加速度もベクトル量の一つね
(ウ)
毎秒2メートルの速度で動いていた自転車が
2[m/s]
6[m/s]
x
4秒間で
毎秒6メートルの速度に変化した
1秒間ではどれくらい速度が変わったでしょうか
ええ?

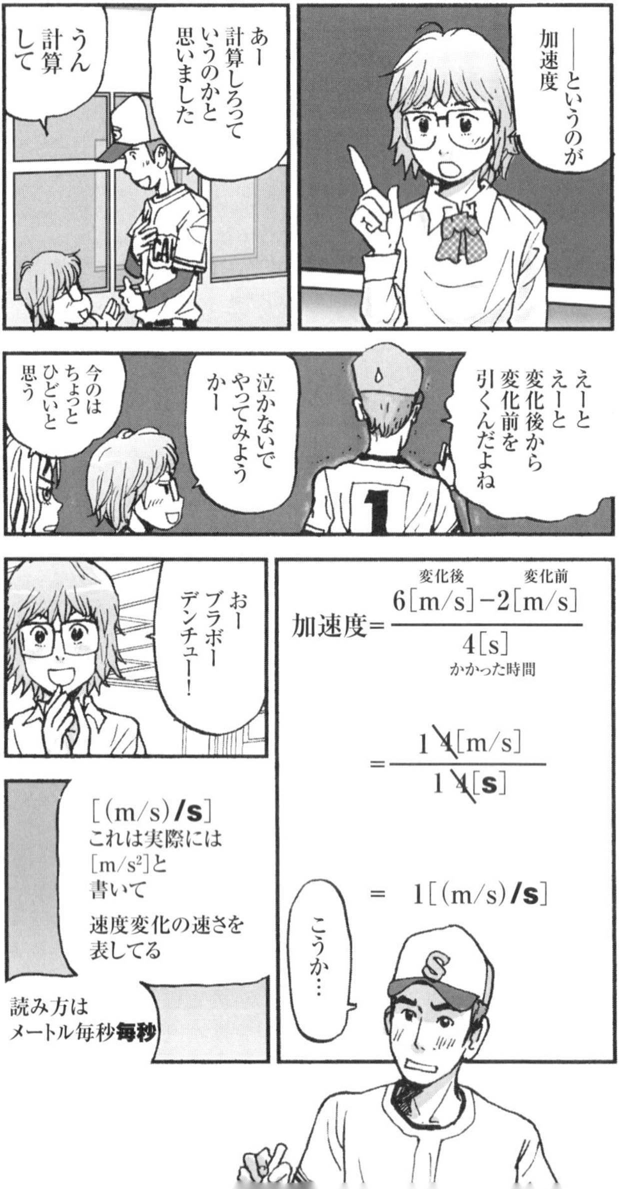
——というのが
加速度
あー
計算しろって
いうのかと
思いました
うん
計算
して
えーと
えーと
変化後から
変化前を
引くんだよね
泣かないで
やってみよう
かー
今のは
ちょっと
ひどいと
思う
変化後 変化前
加速度＝6[m/s]−2[m/s] / 4[s]
かかった時間
＝1 4[m/s] / 1 4[s]
＝ 1[(m/s)/s]
こうか…
おー
ブラボー
デンチュー！
[(m/s)/s]
これは実際には
[m/s²]と
書いて
速度変化の速さを
表してる
読み方は
メートル毎秒毎秒

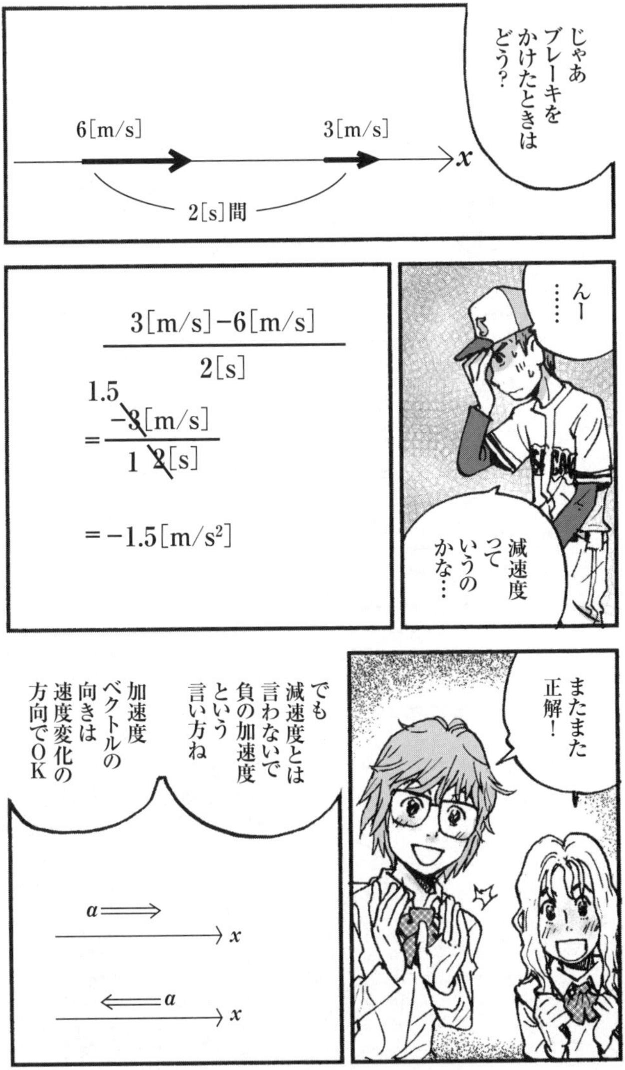
じゃあブレーキをかけたときはどう?
6[m/s]
3[m/s]
x
2[s]間
んー……
減速度っていうのかな…
3[m/s]−6[m/s] / 2[s]
= −3[m/s] / 2[s]
1.5
1
= −1.5[m/s²]
またまた正解!
でも減速度とは言わないで負の加速度という言い方ね
加速度ベクトルの向きは速度変化の方向でOK
a
x
a
x

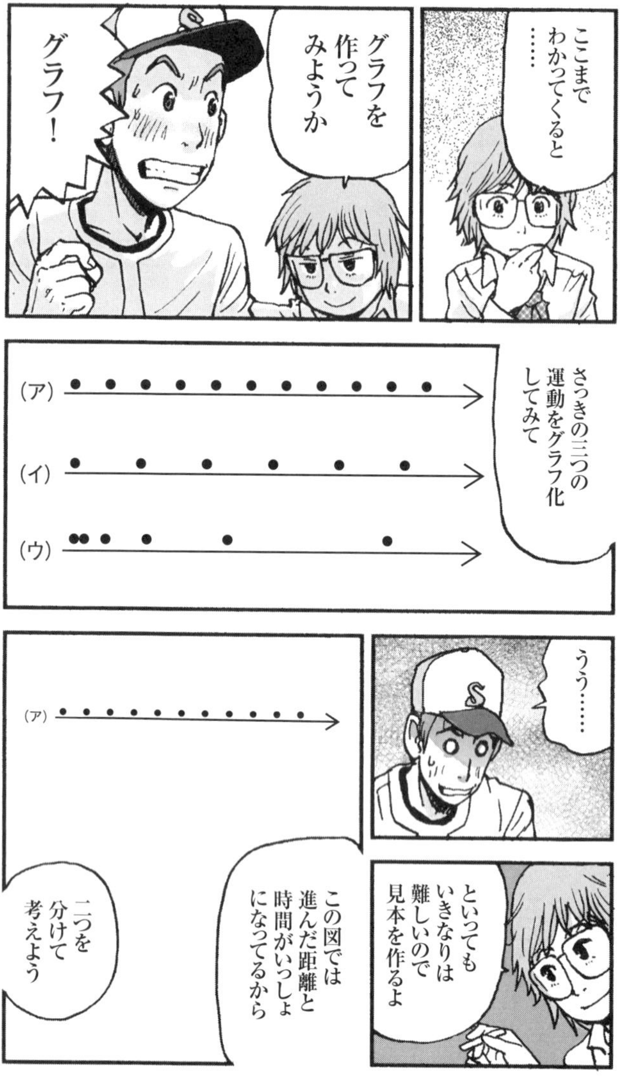
ここまでわかってくると……
グラフを作ってみようか
グラフ!
さっきの三つの運動をグラフ化してみて
(ア)
(イ)
(ウ)
うう……
といってもいきなりは難しいので見本を作るよ
この図では進んだ距離と時間がいっしょになってるから
二つを分けて考えよう
(ア)

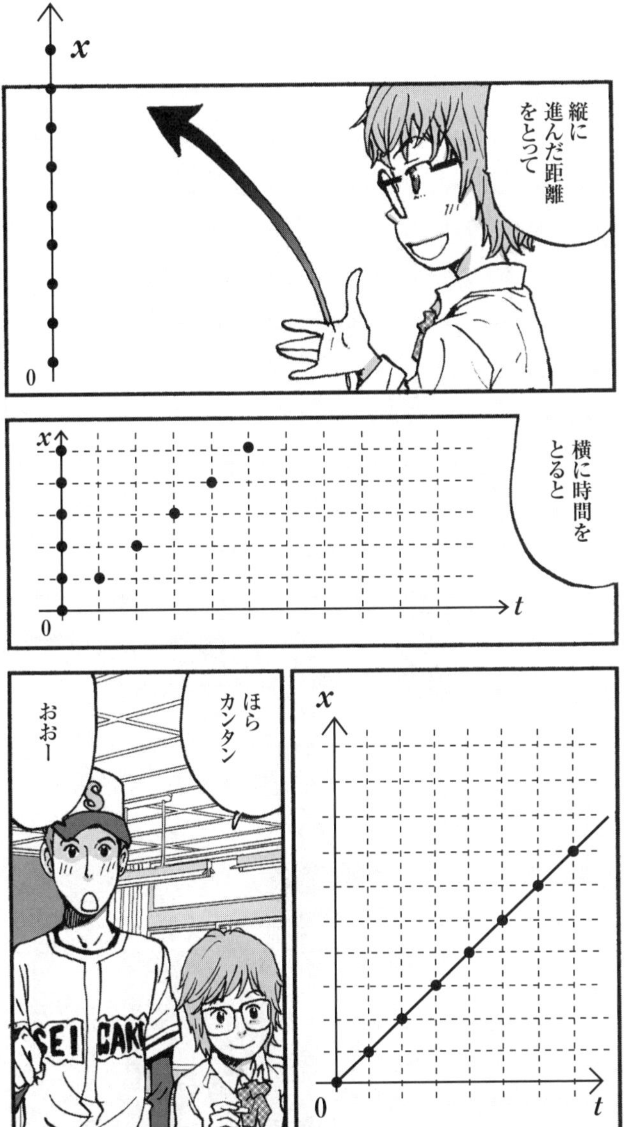

x
0
縦に進んだ距離をとって
横に時間をとると
x
0
t
x
0
t
ほらカンタン
おおー

ちなみに時間をtと書くのは英語でtimeだから
うわっ さすがに発音が違う!
トゥアイム!
速度を表すvはvelocity
べろしりぃ?
下唇軽く噛んでヴェロスィティ
ヴェロスィティ
ヴェロスィティ
加速度のaはacceleration
えーえーえー あくせら…
アクセラレイション

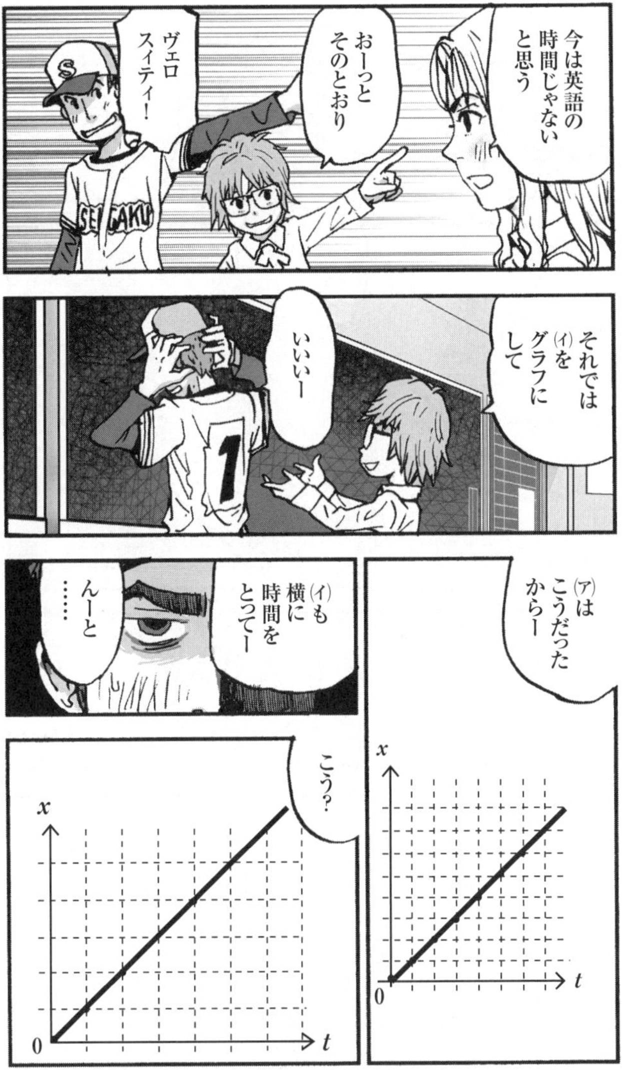
今は英語の時間じゃないと思う
おーっとそのとおり
ヴェロスィティ！
それでは(イ)をグラフにして
いいいー
(ア)はこうだったからー
x
t
0
(イ)も横に時間をとってー
んーと……
こう？
x
t
0

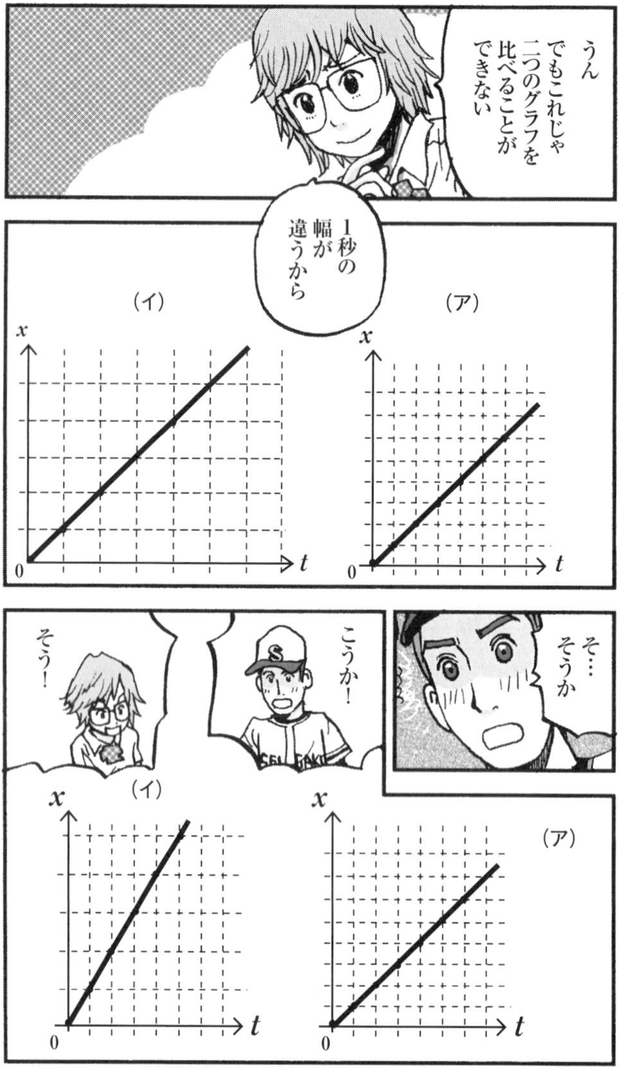
うん
でもこれじゃ
二つのグラフを
比べることが
できない
1秒の
幅が
違うから
(ア)
(イ)
x
t
0
そ…
そうか
こうか!
そう!
(ア)
(イ)
x
t
0

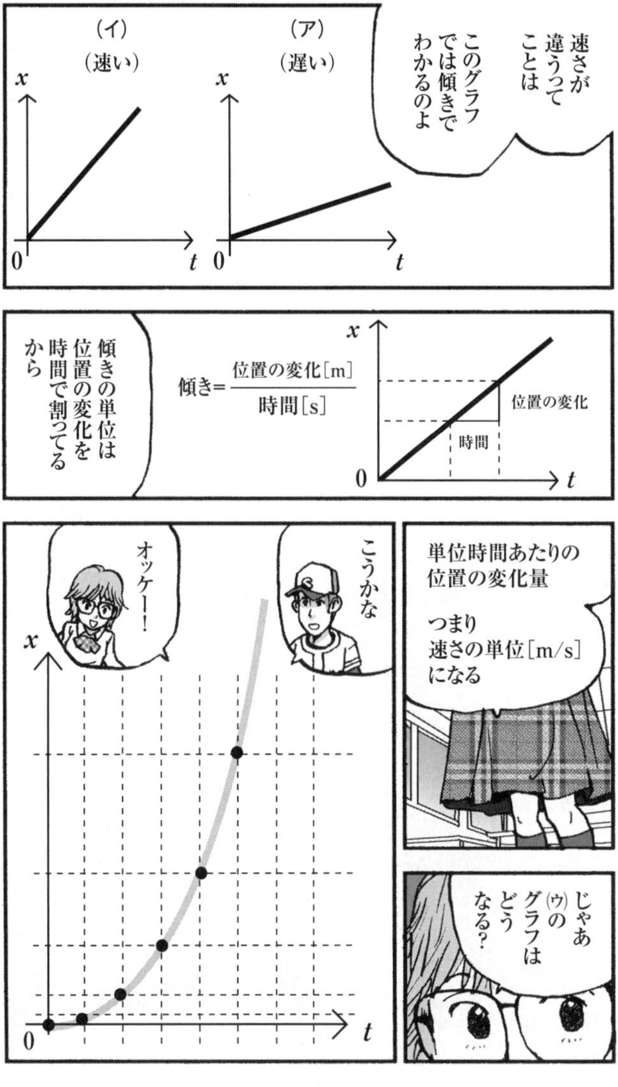
速さが
違うって
ことは
このグラフ
では傾きで
わかるのよ
(イ)
(速い)
(ア)
(遅い)
x
t
0
x
t
0
傾きの単位は
位置の変化を
時間で割ってる
から
傾き＝位置の変化[m] / 時間[s]
x
位置の変化
時間
0
t
単位時間あたりの
位置の変化量
つまり
速さの単位[m/s]
になる
じゃあ
(ウ)の
グラフは
どう
なる？
こうかな
オッケー！
x
0
t

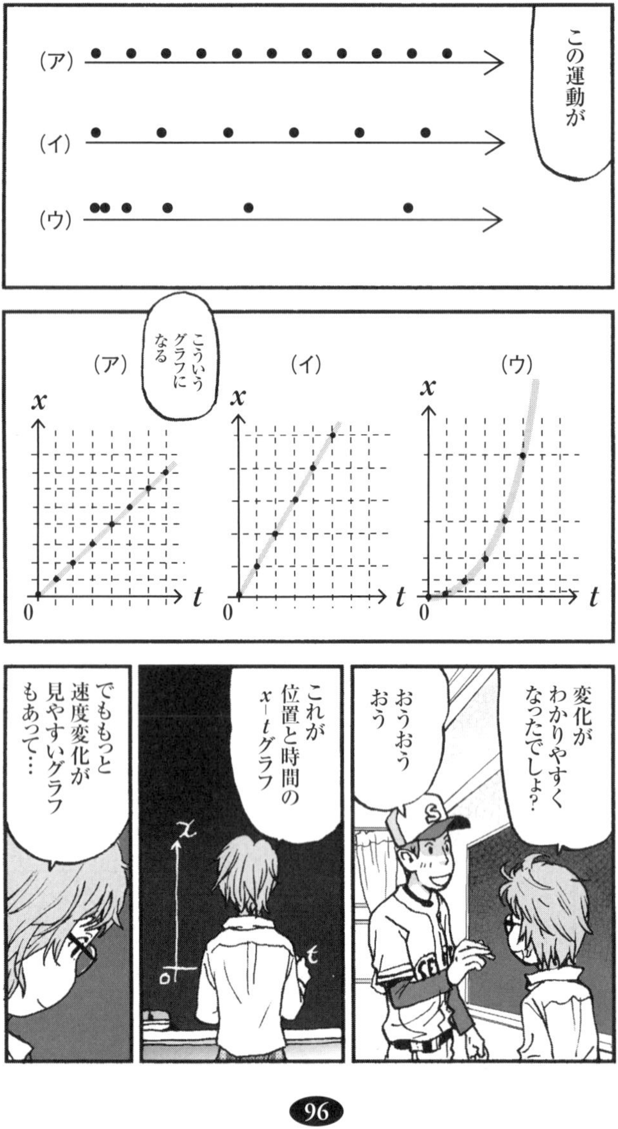
この運動が
(ア)
(イ)
(ウ)
こういうグラフになる
(ア)
(イ)
(ウ)
x
t
0
変化がわかりやすくなったでしょ?
おうおうおう
これが位置と時間のx−tグラフ
でももっと速度変化が見やすいグラフもあって…

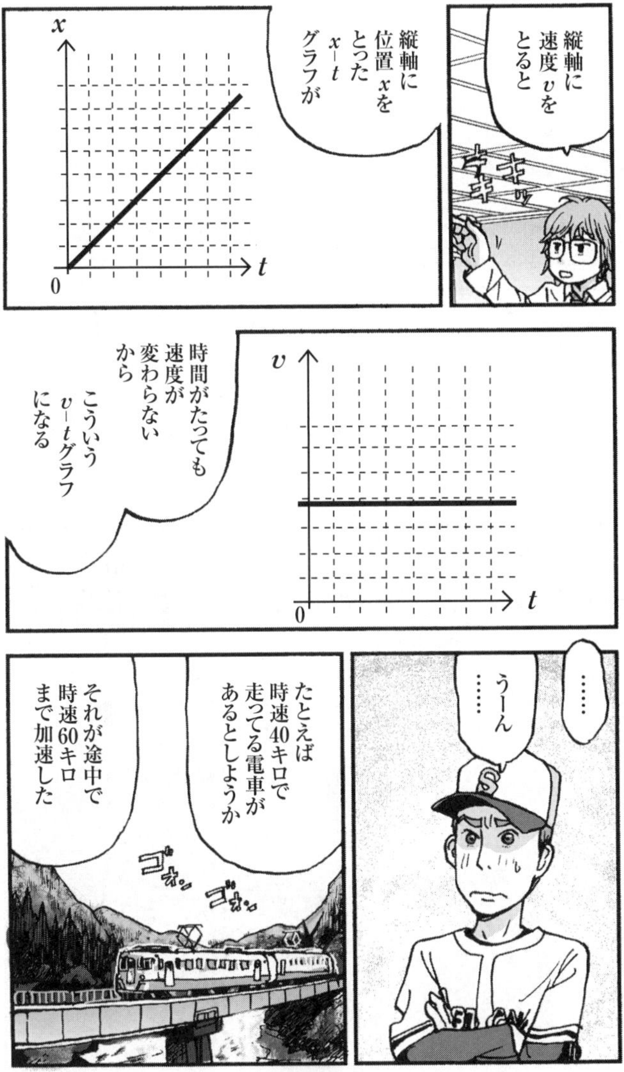
縦軸に速度 v をとると
縦軸に位置 x をとった x－t グラフが
x
t
0
時間がたっても速度が変わらないから
こういう v－t グラフになる
v
t
0
……
うーん……
たとえば時速40キロで走ってる電車があるとしようか
それが途中で時速60キロまで加速した
ゴォン
ゴォン

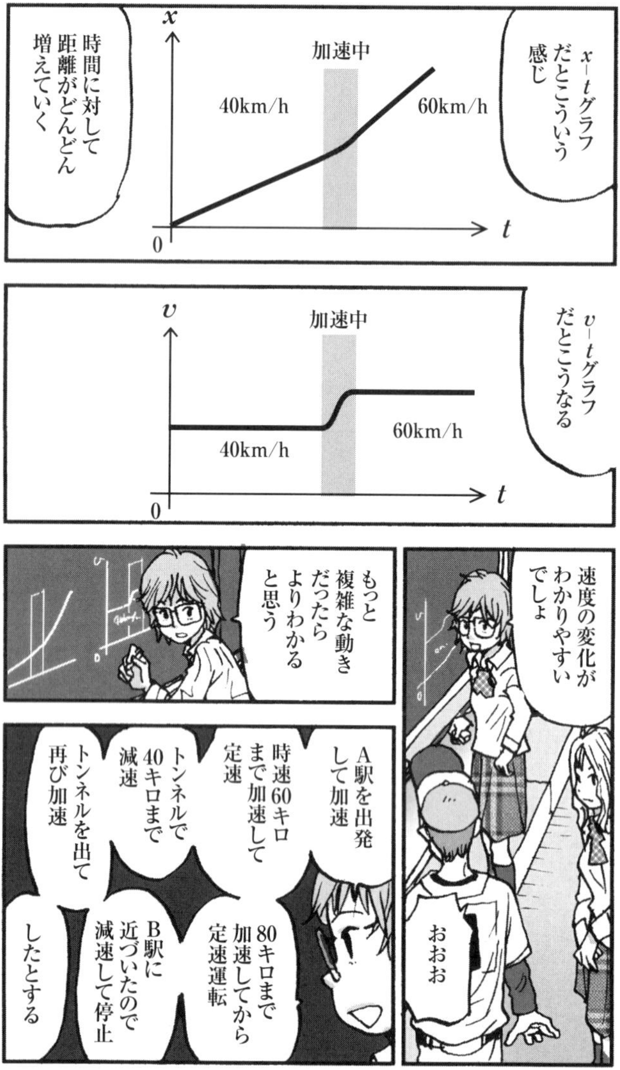

x−tグラフだとこういう感じ
時間に対して距離がどんどん増えていく
x
加速中
40km/h
60km/h
0
t
v−tグラフだとこうなる
v
加速中
40km/h
60km/h
0
t
速度の変化がわかりやすいでしょ
おおお
もっと複雑な動きだったらよりわかると思う
A駅を出発して加速
時速60キロまで加速して定速
トンネルで40キロまで減速
トンネルを出て再び加速
80キロまで加速してから定速運転
B駅に近づいたので減速して停止
したとする

x
t
A駅出発
加速
時速60キロ
減速
徐行トンネル
加速
時速80キロ
減速
B駅停止
x-tはこう
v
t
A駅出発
加速
時速60キロ
減速
徐行トンネル
加速
時速80キロ
減速
B駅停止
v-tはこう
わっ ずいぶん違う！
変化が見やすいのよね
それと v-tグラフにはメリットがあって
v
t
A駅出発
加速
時速60キロ
減速
徐行トンネル
加速
時速80キロ
減速
B駅停止
これ平均速度はどれくらい？

ざっくり時速60キロ弱くらい？
それをグラフに書き込むと？
えーとこの辺かな…
v
t
最初から最後までその速度で走ったとするのがこの線だよね
到着まで2時間かかったとして二つの駅の距離はどれくらいでしょうか
距離……
距離は速度×時間だよ
うー……
60キロ／h×2時間……でいいのかな
120キロ

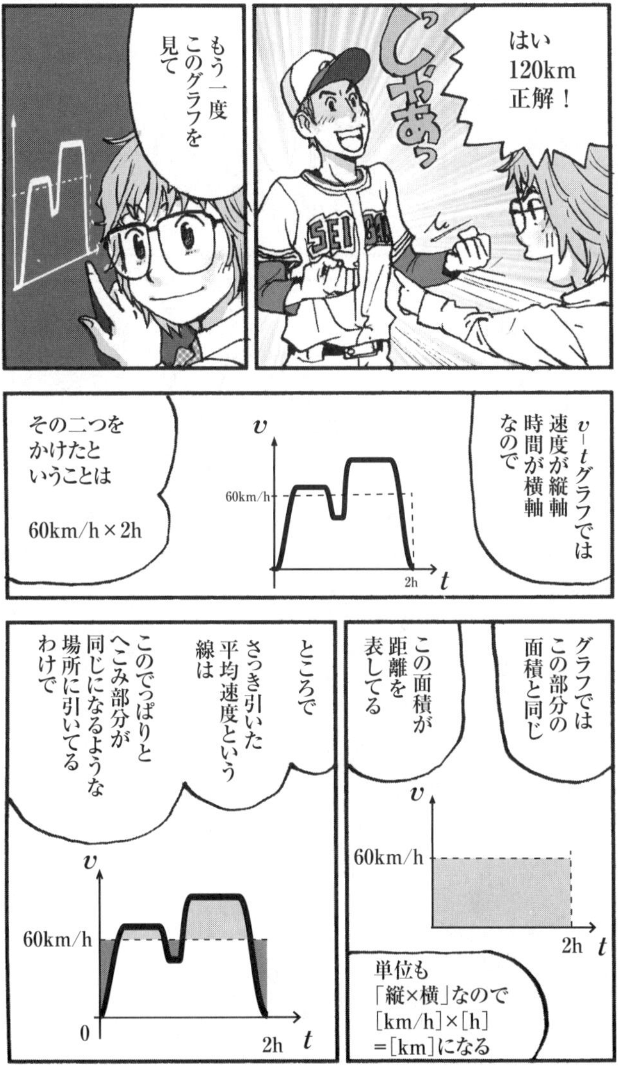
じゃあっ
はい 120km 正解！
もう一度 このグラフを 見て
v－tグラフでは 速度が縦軸 時間が横軸 なので
その二つを かけたと いうことは
60km/h×2h
v
60km/h
2h
t
グラフでは この部分の 面積と同じ
この面積が 距離を 表してる
v
60km/h
2h
t
単位も
「縦×横」なので
[km/h]×[h]
=[km]になる
ところで さっき引いた 平均速度という 線は
このでっぱりと へこみ部分が 同じになるような 場所に引いてる わけで
v
60km/h
0
2h
t

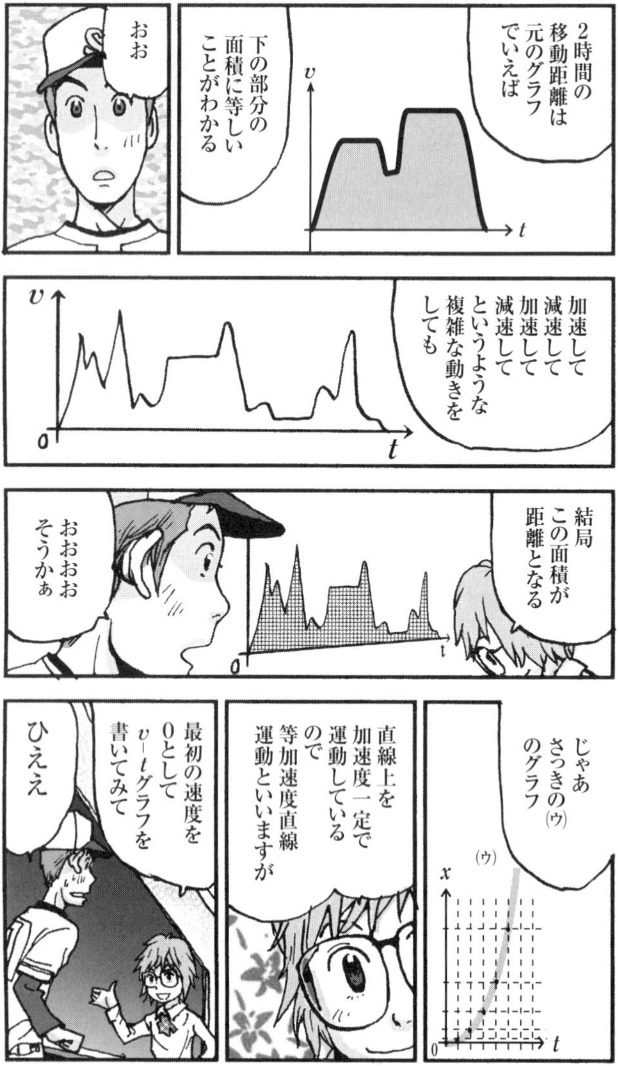
2時間の移動距離は元のグラフでいえば
下の部分の面積に等しいことがわかる
v
t
おお
加速して減速して加速して減速してというような複雑な動きをしても
v
0
t
結局この面積が距離となる
0
t
おおおおそうかぁ
じゃあさっきの(ウ)のグラフ
(ウ)
x
0
t
直線上を加速度一定で運動しているので等加速度直線運動といいますが
最初の速度を0として v－tグラフを書いてみて
ひええ

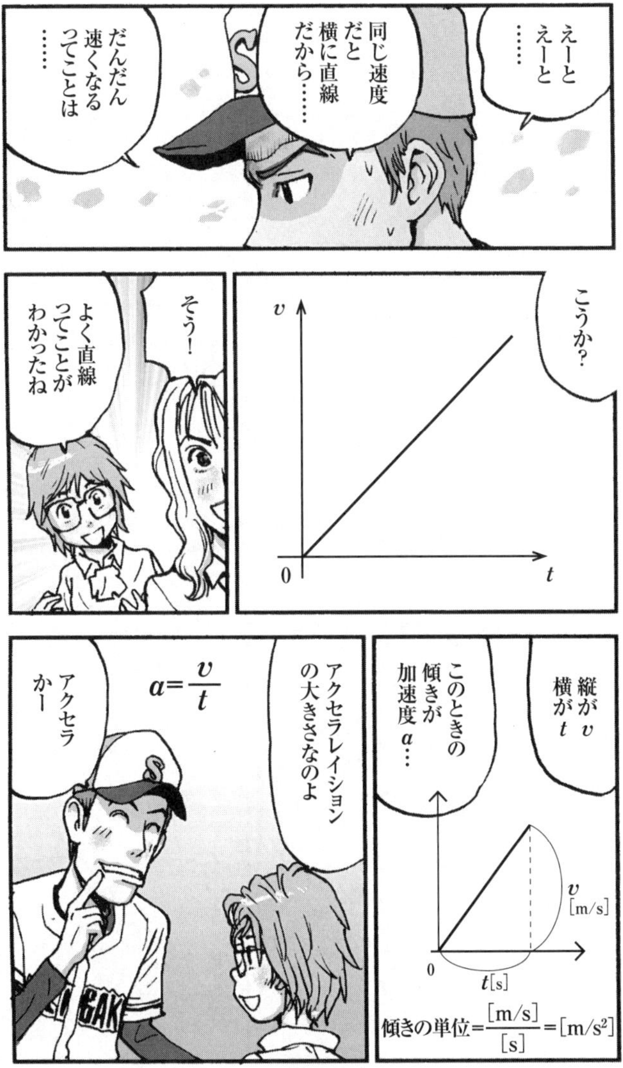
えーと
えーと
……
同じ速度
だと
横に直線
だから……
だんだん
速くなる
ってことは
……
こうか？
v
0
t
そう！
よく直線
ってことが
わかったね
縦がv
横がt
このときの
傾きが
加速度
a…
v
[m/s]
0
t[s]
傾きの単位=[m/s]/[s]=[m/s²]
アクセラレイション
の大きさなのよ
a=v/t
アクセラ
かー

ゆるい加速度
きつい加速度
うんうんうん
v
a
1
t
0
ここで移動距離を考えてみると？
さっきのように平均の速度で考えてもいいけど
ここの面積でしょ？
v
t
0
そう！
この三角形の面積が距離ね
t
$x=t\times v\times\frac{1}{2}$

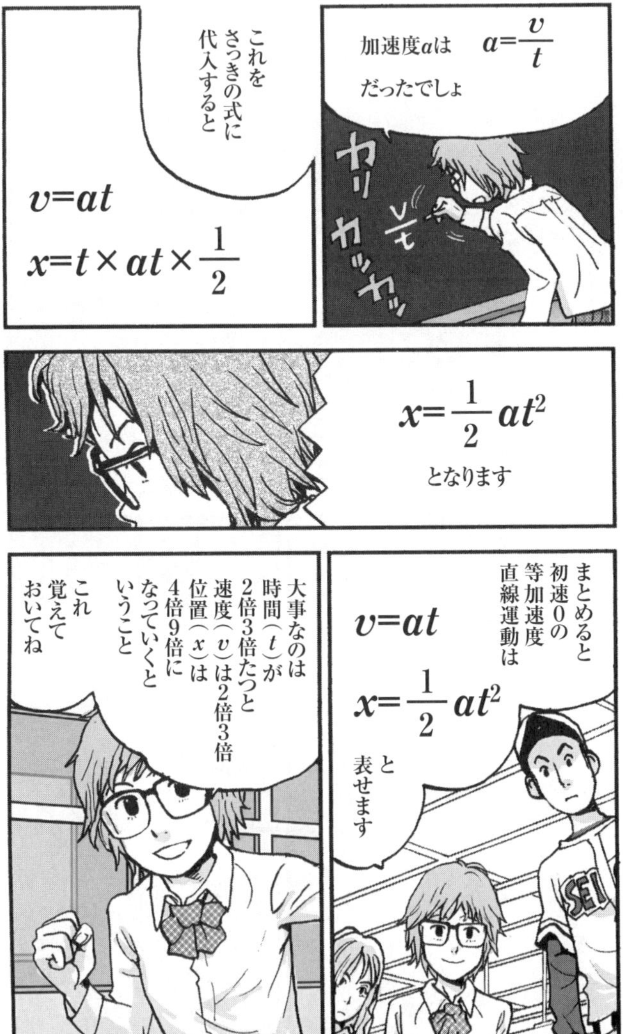
加速度aは $a=\frac{v}{t}$ だったでしょ
カリ
$\frac{v}{t}$
カッカッ
これをさっきの式に代入すると
$v=at$
$x=t\times at\times\frac{1}{2}$
$x=\frac{1}{2}at^2$ となります
まとめると初速0の等加速度直線運動は
$v=at$
$x=\frac{1}{2}at^2$
と表せます
大事なのは時間(t)が2倍3倍たつと速度(v)は2倍3倍位置(x)は4倍9倍になっていくということ
これ覚えておいてね

シュウウウゥ…
電柱がショート……
今日はこれくらいにしておこうか
うぅー…
ちょーっと呪文が長すぎてなにがなんだか
コキ
コキ
大丈夫わかるようになるよっ

……
なんか いい感じ じゃない
なんとか しないと いけない んじゃね？
このままじゃ あたしの存在が ……
がんばれ あたし！
っていうか、どうしよう ……

第5章 ガリレイの発見

もうねっ
時間がないんですよー
はっきり言ってこんなにのんびりやっていたら間に合いません！
原理はもういいから公式を暗記して問題をたくさん解いていくしかないと思う

もう夏はすぐそこまで来てるのよっ
うーん…
テストはテクニックでなんとかなるんだから
たとえば自由落下の式は等加速度直線運動だから昨日の続きで
$v=at$
$x=\frac{1}{2}at^2$
をとにかく覚える*
次に慣性の法則は…
待って
たしかに公式を覚えるのは便利なんだけど…
すぐ忘れちゃうんだよね

＊ 2式から t を消去すると $v^2=2ax$ が導かれる（P24 の式）。

ガリレイは自由落下をどうして等加速度直線運動だとわかったと思う？
ガリレイ？
実験をしたから？
うんそうなの
でも当時は今みたいな時計がありませんでした
そこで考えた
まっすぐ落ちる運動は斜面での運動の特別な場合だと

ゆっくり転がって落ちる運動ならば観測がしやすい
そして時間は
バケツの底に穴を開けて流れ落ちる水の重さで計った
頭いい！
でしょ
そうして何度も実験を繰り返した結果
時間が1、2、3、4と経過するにつれて
位置は1、4、9、16と変化することを見出した

斜面上の落下距離は落下時間の二乗に比例する
落下時間の二乗に比例？
2秒後は2×2で4倍3秒後は3×3で9倍
ああ……
ガリレイは斜面の傾斜を大きくしながら実験をして
球の加速度が大きくなっていってもこの関係は崩れない
等加速度直線運動であることに間違いはなく
それはまっすぐの鉛直運動でも同じこと
ゆえに！

落下速度は落下時間に比例する
落下の法則 1604年頃
ということを見つけ出した
だからぁ
自由落下では初速0だから
t秒後の速度vを求めるには
加速度aをt倍すればいいの
落下の公式バカ覚えしちゃっていいからー
速度vは
$v=at$
距離xは
$x=\frac{1}{2}at^2$
ちなみに自由落下では加速度の大きさは$9.8\mathrm{m/s^2}$ね これが重力加速度g*
ううう うーん …

＊ g：gravitational acceleration

ねえ
がけの上から
水平にボールを
投げた時の軌跡は
どれが正しいと
思う？
これ
おー
さすが
野性のカン
これは
二つの運動が
ミックスされて
いるって
考えるのよ
二つの
運動…

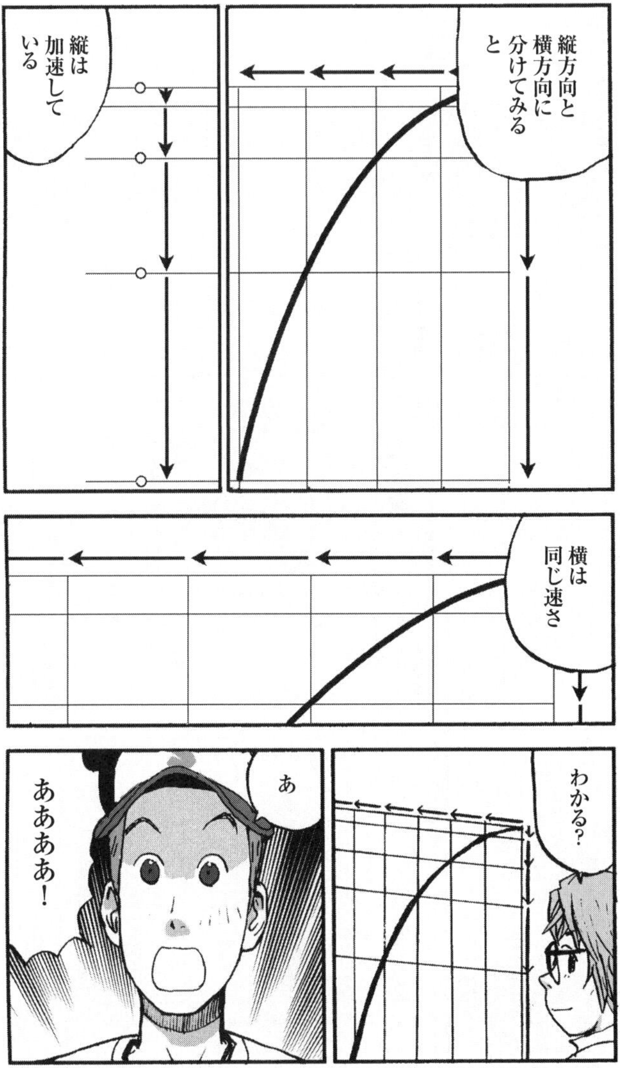
縦方向と横方向に分けてみると
縦は加速している
横は同じ速さ
わかる?
あ
ああああ!

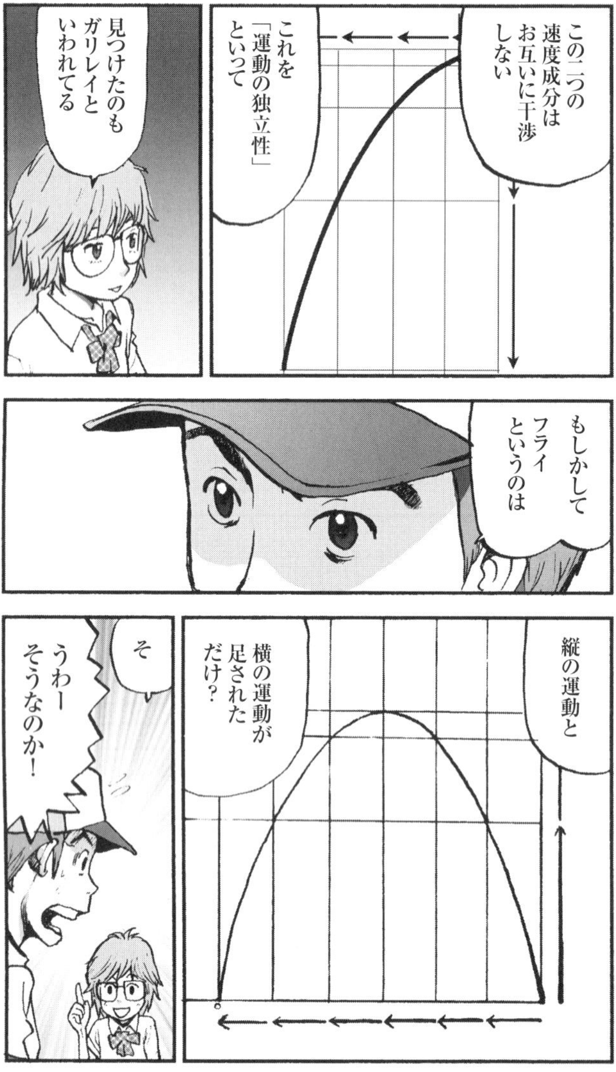
この二つの速度成分はお互いに干渉しない
これを「運動の独立性」といって
見つけたのもガリレイといわれてる
もしかしてフライというのは
縦の運動と
横の運動が足されただけ？
そ
うわーそうなのか！

縦に上がった
球は
加速して
落ちてきて
横には
同じ速さで
進むから
高くて
速いほど
球は遠くへ
飛ぶ！
そのとおり
うわー
今日から
フライが
違うものに
見えるよ

あっ
そうか
前にやった
実験！
真横にいくら
速く飛ばし
ても
コインが同時に
落ちるのは
当たり前なんだ
そそ
下へ落ちる
運動は
じゃまされて
いないから
空間の
一見どんなに
複雑な運動も
直線運動に
分解して
考えられるよ
じゃあ
なぜ
物体は
等速直線運動を
したり
等加速度運動を
したりする
のか
なんで
なんで？
まずは
等速直線
運動から

それは物体が「慣性」という性質を持っているからなのよ
慣性？
まずい……
ますます聡美ペースに……
あ……

こらっ
ぼけっと つっ立ってん じゃない！
動いている ボールは 最後には どうなる？
そりゃ 止まるよ
そう 思うよね

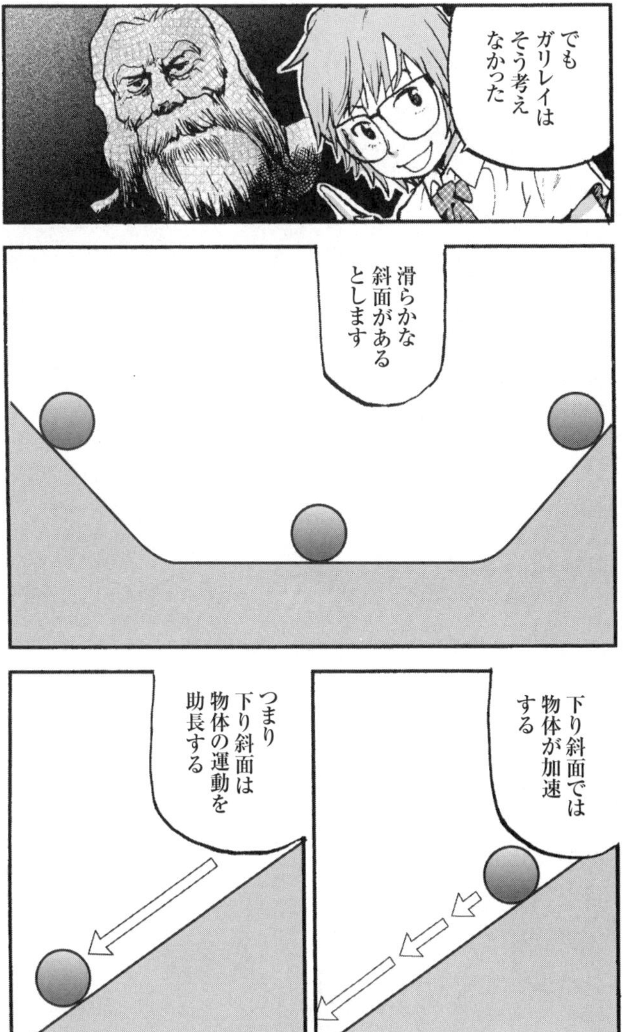
でも
ガリレイは
そう考え
なかった
滑らかな
斜面がある
とします
下り斜面では
物体が加速
する
つまり
下り斜面は
物体の運動を
助長する

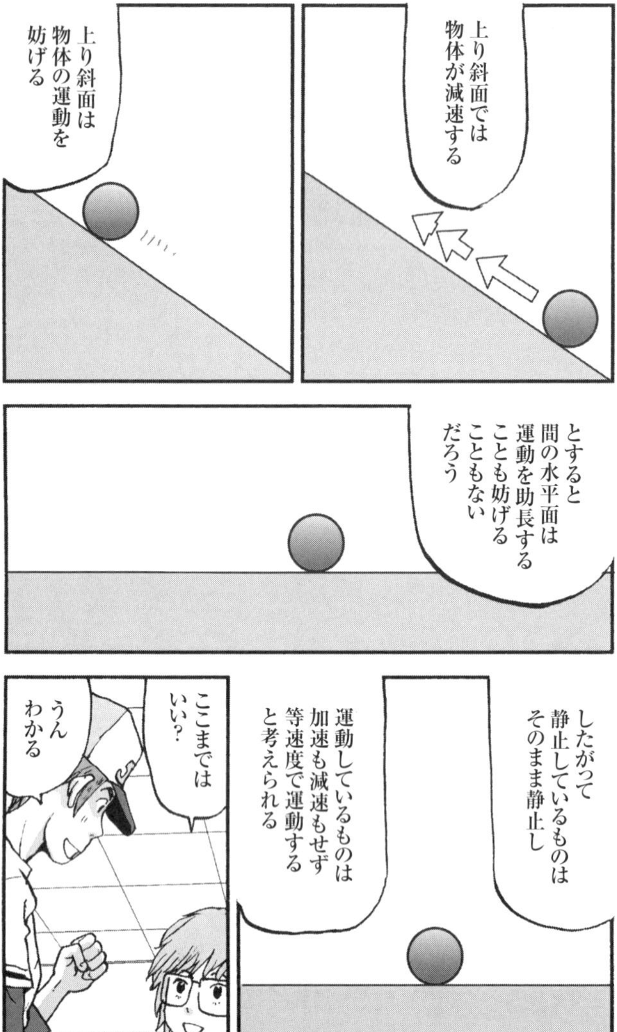
上り斜面では物体が減速する
上り斜面は物体の運動を妨げる
とすると間の水平面は運動を助長することも妨げることもないだろう
したがって静止しているものはそのまま静止し
運動しているものは加速も減速もせず等速度で運動すると考えられる
ここまではいい?
うんわかる

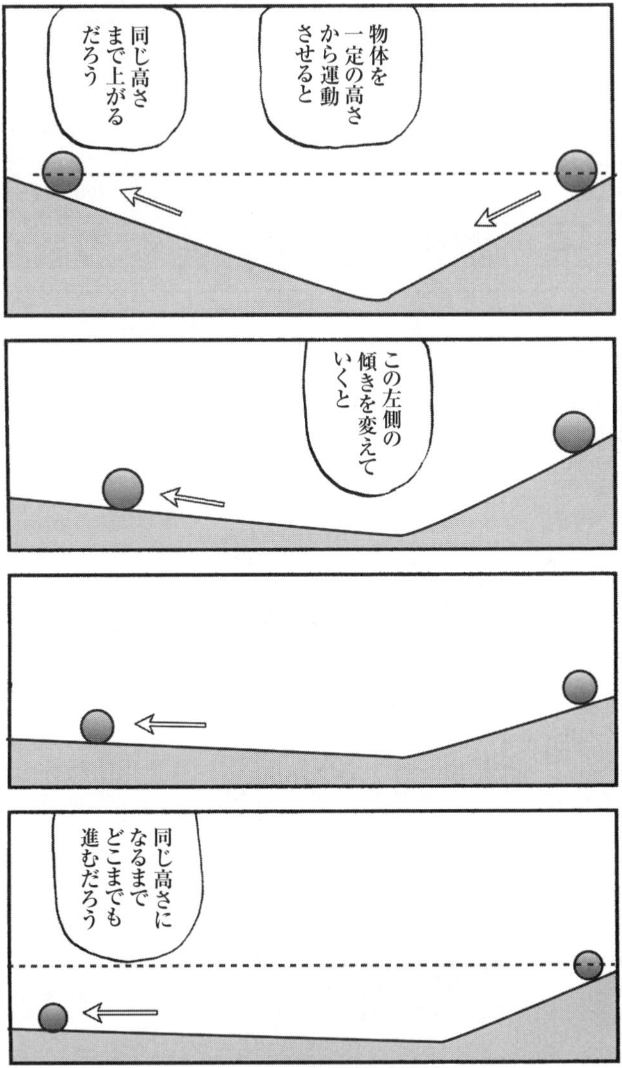
物体を一定の高さから運動させると
同じ高さまで上がるだろう
この左側の傾きを変えていくと
同じ高さになるまでどこまでも進むだろう

うん
どんどん傾きをゆるやかにしていって
ゼロに…水平になった場合はどうなるか
同じ高さまで行こうとしてどこまでも運動し続けるだろう
おおー
ガリレイはこの二つの思考実験で見つけたの
物体は静止しようとしているんじゃなく
速度を保とうとしているんだと

誰もが
物体は止まろう
とする性質を
持っていると
考えていた
時代に
そうではない！
速度を
保とうとする
性質を持っている
んだ
――と
見抜いたの
物体が持つ
この性質の
ことを
「慣性」と
いい
それを
後の時代に
ニュートンが
運動の第1法則
としてまとめました
それが

慣性の法則です
教科書的にいうと?
え? えーと
力がはたらかなければあるいははたらいている力がつりあっていれば
静止している物体は静止を続け運動している物体は等速直線運動を続ける
はいそれが運動の第1法則
静止しているということは別な見方では
速度0を保っているってことなのね
だから動いているものが止まったり
急に速くなったり曲がったりなど速度が変化したときは
必ずなんらかの力が加わったということがいえる

必ず？
ええ 必ず
じゃあ 150キロの球が バッターの手元では 140キロ台に遅く なるのは？
空気の 抵抗
外野を 転がった球が 止まっちゃう のは？
地面との 摩擦による抵抗 および空気抵抗
そ… そうなのか

動いてる
電車の中で
ジャンプしても
後ろに飛んで
いかないのは
慣性の法則の
おかげだしね
え？
後ろに
飛ばない？
飛ばない
よ
えええ
ええ？
今度電車に
乗ったら試して
みたら？
止まってるとき
と動いている
ときでどう
変わるのか
コーン
コンコン
コンコン

ほんとだ！
走ってても止まってても変わらないんだ……
ボールは電車と同じ速度で横に動きながら落ちている……？
ゴン
ゴッ！
だから真下に落ちるのか！

デンチュー大丈夫か？
おお！ガリレイってすげえな！
がりれー？
寿司についてる？
それガリじゃね
電車の中でジャンプしても後ろに飛ばないのはなんでか知ってるか？
あ？
後ろに飛ぶんじゃねえの？
とーぜん
うんやっぱり野球部だなオレたちは

第6章
力のはたらき

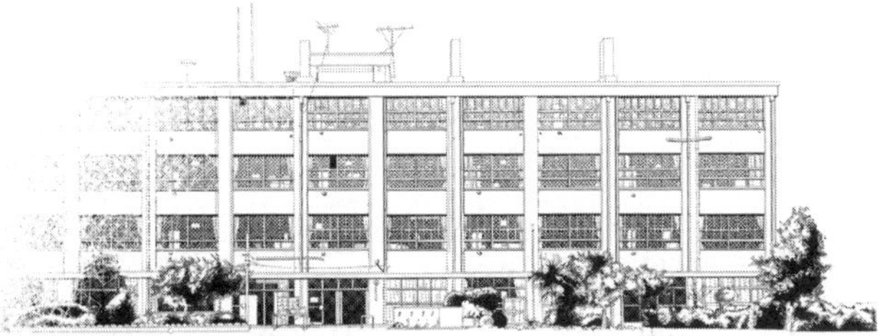

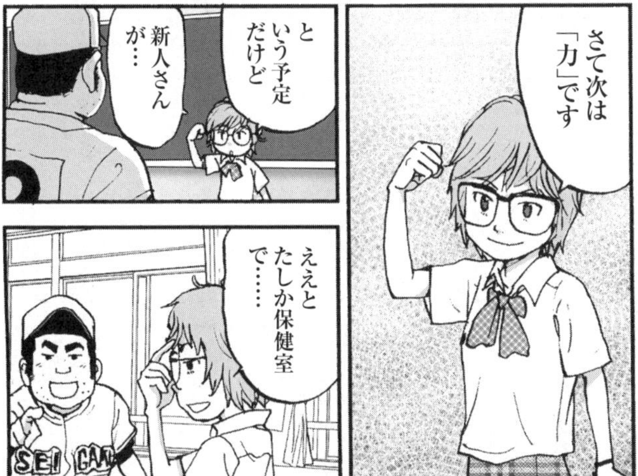
さて次は「力」です
という予定だけど
新人さんが…
ええとたしか保健室で……

ああ！あんときはどーも！
野球部正捕手の増田っす
すんません
このバカがどうしても見てみたいっていうんで
てめバカっていうなよ
いやバカはバカなんすけどぉー
なんか最近デンチューが変わってきたんでー
もしかしてすげえ秘密の特訓でもしてるのかと
いいんじゃない？べつに
じゃあマツダくん
増田っす増える田んぼで増田
力にはどんなものがありますか？

力うどん
とかー？
増田は
けた違いだ
なあー……
あんだよ
もうちょっと
なんかあるだろ
馬力とか
念力とか
あんだよ
そういう
「リキ」
かよ
えーと
それも物理の
力じゃない
けどねー
物理で扱う
力は
物体から物体へ
はたらいて
変形させたり
速度を変化
させる
はたらきを
するものね
重力とか
電気力とか
張力とか

ほー
ほー
わかった
のかよ
「ちょうりょく」
って
耳がいいか
どうかだろ?
おお!
ちゃんと
わかってる
じゃん
間違ってる
間違ってる
……
……
すごい
バカが
わきだしてる
……
なんで?
うん
そういうのって
紛らわしいから
「●●が△△に
及ぼす力」とか
「○○が××を
押す力」とか
いったほうが
いいかもねっ

力には三つの要素があります
キー
大きさ
向き
作用点
力はベクトル量なので「大きさ」と「向き」は矢印で表す
おお?

誰？
ええと彼女はもう一人の先生ね
こっちは頭の悪いゲストです
ふーん
作用点とは力のはたらいている点
この矢印の始点のところね
普通は*物と物が触ってるところなんだけど
A
B
AがBを押す力
BがAを押す力
重力や電気力や磁力はご存じのとおり離れていても力がはたらきます

＊ 作用点は、物体の境より少し内側に描き、力がはたらいている物体を明確にする。

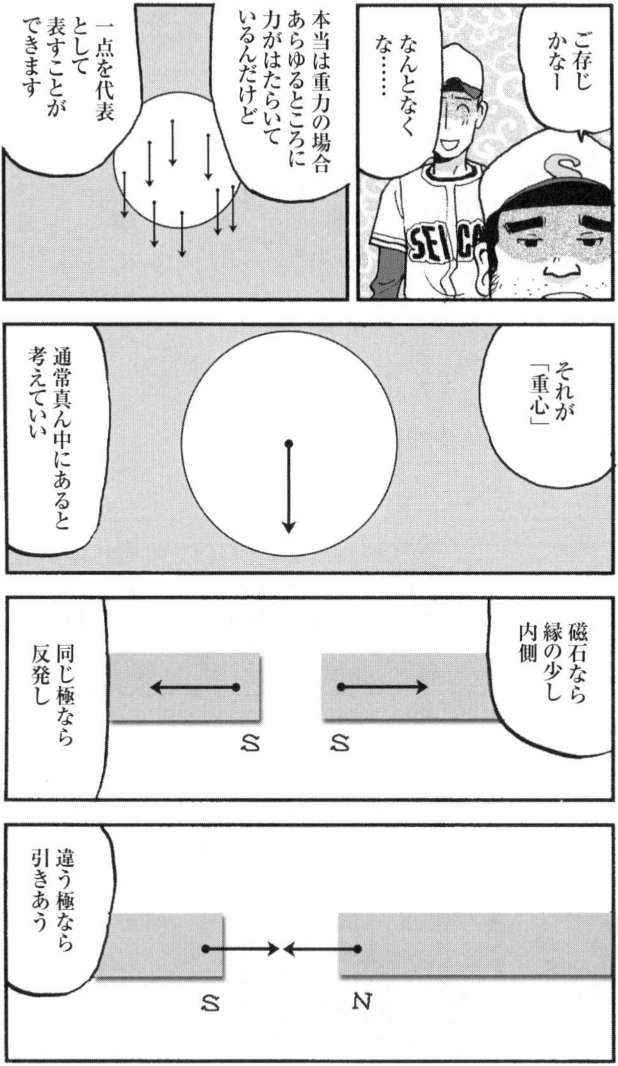
ご存じかなー
なんとなくな……
SEI CA
本当は重力の場合あらゆるところに力がはたらいているんだけど
一点を代表として表すことができます
それが「重心」
通常真ん中にあると考えていい
磁石なら縁の少し内側
同じ極なら反発し
S
S
違う極なら引きあう
S
N

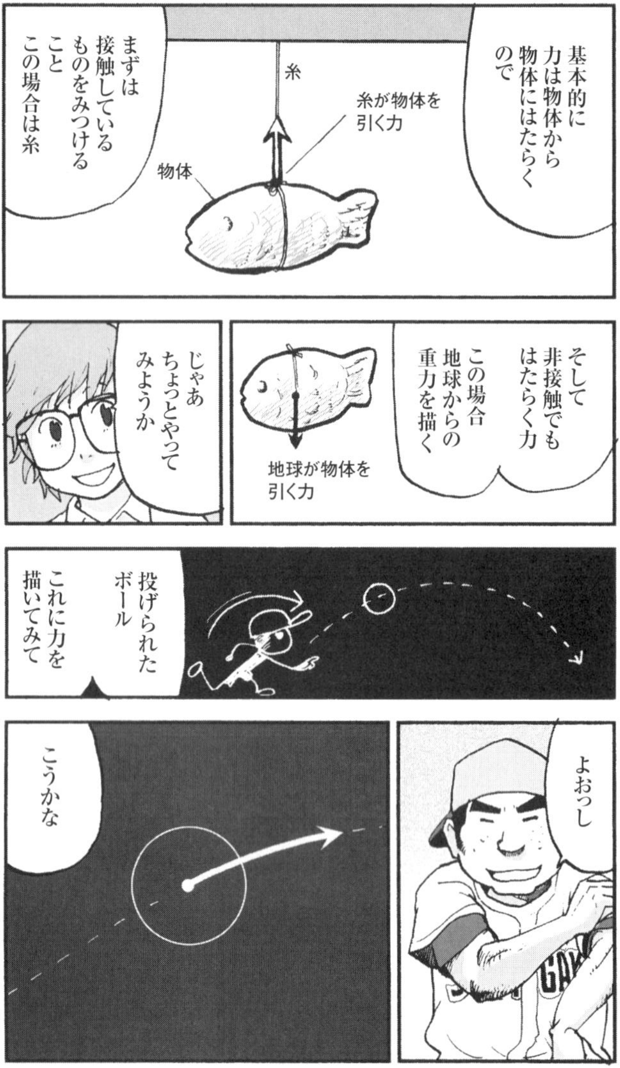
基本的に力は物体から物体にはたらくので
糸
糸が物体を引く力
物体
まずは接触しているものをみつけることこの場合は糸
そして非接触でもはたらく力この場合地球からの重力を描く
地球が物体を引く力
じゃあちょっとやってみようか
投げられたボール
これに力を描いてみて
よおっし
こうかな

バカだな 力は曲がらないんだよ
えええ そうなのか？
こう 飛んでるなら
こうだろ
ねっ
ん 残念
まず 触っているものをみつけます
空中なので なにも 触ってないね
忘れちゃいけないのが 重力
重心から 真下に向かって 描きます
重力

以上
重力
ええ？それだけ？
なんでそれで飛んでるの？
慣性で
やっぱりこの方向に力がないと……
変だなあ
こう描くとボール自身に推進力があることになっちゃう
噴射してるロケットならいいんだけどね
人が投げる瞬間はこの力がはたらいてるよ
でも手を離れたら重力のみ

重力がはたらかないときを考えてみて
慣性でまっすぐ飛んでいく
重力がはたらくので落ちていく
重力
あ なるほど
では次
このボールにはたらく力を描き入れて
手が支える力
そして重力

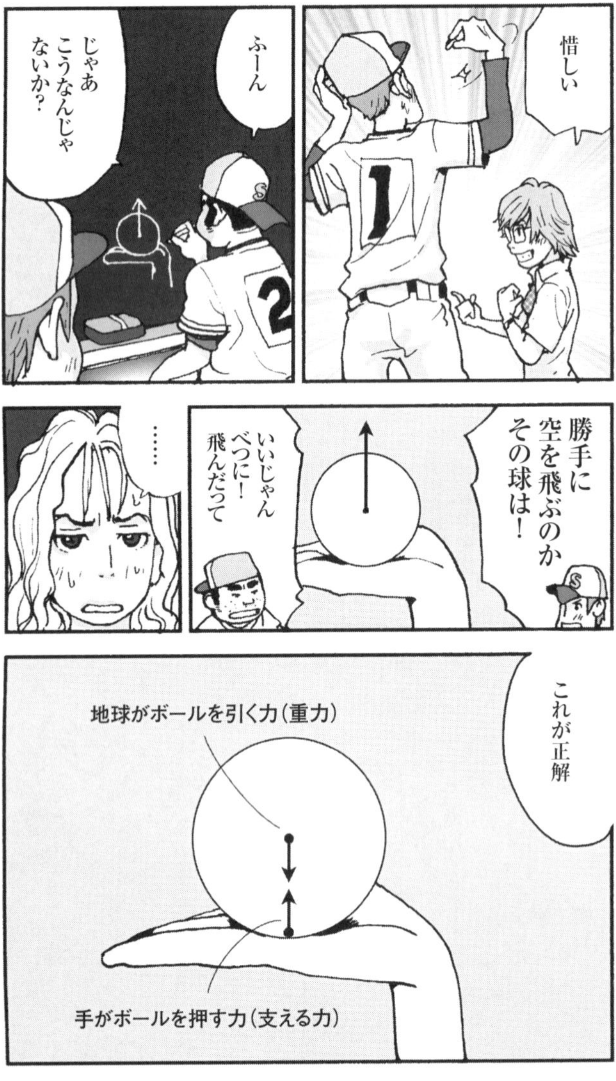
惜しい
ふーん
じゃあ こうなんじゃ ないか?
勝手に 空を飛ぶのか その球は!
いいじゃん べつに! 飛んだって
……
これが正解
地球がボールを引く力(重力)
手がボールを押す力(支える力)

近かったのに
どっこも近くねえって
面白いのはね
いくつかの力が一つの物体にはたらいているときそれを合わせて考えることができること
別方向に引っ張られたとしたら
始点を合わせて
平行四辺形を描く

その対角線が合力になる
へえ
綱引きで同じ大きさの力で引っ張りあったら
打ち消しあって動かないでしょ
逆に同じ方向なら力の大きさは足し算になる
ボールにはたらく二つの力は大きさが等しく向きが逆なので打ち消しあってる
つまり合力0
物体にはたらく合力が0のとき
力はつりあっているというんだけど
f_1
f_2
$f_1=f_2$

わかったかなぁ
松山くんはまだしも
こっちには通じてないし……
ところでボールを持ったときに重さを感じるのはなぜでしょう
球に身がみっちり詰まっているから
カニかよ
……
んーともう少し物理的に考えてみると
f_3でボールが手を押してるから重さを感じるわけ
f_3
ボールと手は押しあっている状態にあります
手がボールを押す力
ボールが手を押す力

力は一方通行ではなく*押せば必ず押し返される
ほうほう
f_2
f_3
このとき押しあう力は同一作用線上にあって大きさは等しく向きは反対
これがニュートンの運動の第3法則
作用反作用の法則といいます
出たなニュートン！
うおお知ってる知ってるニュートン！

＊ 引く場合も相手から引き返される。

「つりあい」と「作用反作用」は混同しやすいから注意ね

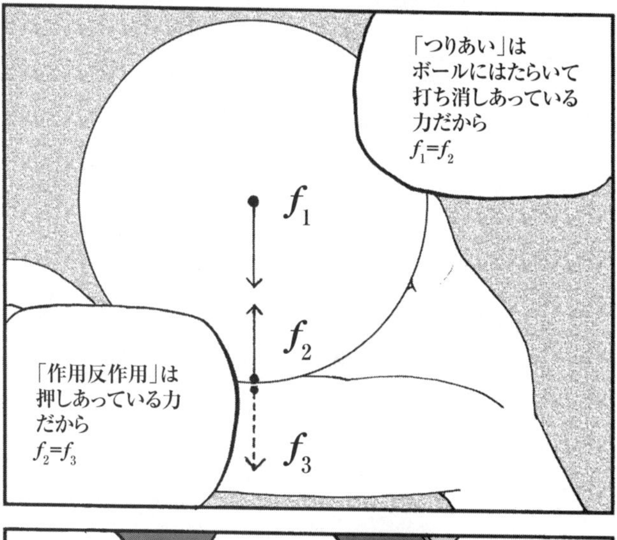
「つりあい」はボールにはたらいて打ち消しあっている力だから $f_1=f_2$
f_1
f_2
f_3
「作用反作用」は押しあっている力だから $f_2=f_3$

したがって $f_3=f_1$
物体の「重さ」は物体にはたらく「重力の大きさ」と考えていいの
*はかりもこの原理を使って物体の重さを量ってるわけです

＊ 手を台はかりの皿に置きかえて考えてみよう。

この話は簡単そうでややこしいのですよ…
デンチューそこ立って手のひらを向けてくれる？
え？こう？
ピタ
わ！
なっ
私を押してみて
は　はい

ぐぐぐっ
こうすると
まるでデンチューが
私より力が強いから
押せているように
見えるでしょ
え？
違うんすか？
手のひらに
かかってる
力の大きさは
二人とも
同じなの

ええ!
じゃあデンチューがローラースケートをはいていたらどう?
そりゃ……
相手が子供だって勝てないけど……
つまりね押しあってる力の大きさは同じ
両足の接地点の摩擦力の違いだけなのよ

体重が重いほど抗力が大きくなって
その分摩擦力が増える
抗力*
垂直抗力
摩擦力
という話なんだけど
押しあってる力の大きさは同じ
いつまでやってんのよっ
じゃあ
押し相撲だったら体重の重いオレのほうが勝つってか？
ズー
そうね…
ああ？

＊ 抗力は足が地面を押す力の反作用。

そりゃねえだろ増田ー
デンチュー話を聞いてたか？
バチバチッ
ゴキゴキ
どうすんのよ男の闘争心に火をつけちゃって……
なんで？
ジャパニーズレスリングトテモ美シイネ
が…
外人だったんだやっぱり！

おおー！低く入った！
かちあげる！
さすがスポーツ万能
吊った吊ったー
でんちゅうう でんちゅううううう
はぁ
はぁ
勝てねえじゃん！
ハァ
ハァ
ハァ
彼は君を持ち上げたでしょ
その分体重増えるから
あっ！え？
押し相撲じゃないやん……

相撲は燃えるわ～
……
重心を低くするのも下から上にかちあげるのも
相手より足元がすべりにくくしてるわけよね
やっぱり本能的に知ってるんだね！物理を
おみごと！
いやいやどうも
パチン
というように
たとえば車同士がぶつかったとしても
小さい車と大きい車がぶつかると
小さいほうが大きな力を受けると思いがちなんだけど
あたったときの衝撃の大きさは同じなのよ

えええええ？
そうなの？
マジで？
だって小さい
車のほうが
事故では
ふっとばされる
じゃん
それは
質量の違い
が……
そうか……
そうだよね
感覚的には
信じがたい
ものは
実験して
みましょう
じゃ
明日の放課後
物理室使えないか
牧野先生に
聞いておくから
明日はそっちで
集合ってことで
今日は
ここまで
くる
くる
それって
もしかして
弓取り式の
つもり？

どうだった?
うーん……
難しくてわかんねえな
やっぱそうか
物理の世界はお前に任せた
よくがんばったぞオレー!
うーん……
今ベクトルとしたらこういう感じ?
肉

もしこれがこんなことになったら
こうなったりしないか！
しないかーしないよねえー
いやっわからない男と女は物理より複雑なんだから
聡美の名前でメールでコクっちゃうとか？
さすがにそれはムリがあるかどうするどうする
とりあえず引き止めておかないと
アレを

ぐふふふふ
なんだよ気持ち悪いなあ
いやいやなんでもないんだお前とは関係ないし
ほへほへほへ
気合が抜けるだろその声は！
あそうだ

オレももうちょっと物理の勉強会出てみることにしたよ
へえそうか
ぐへへへ
…?
じつはね
学園の頭脳聡美があなたのことをすごく面白いってほめてたよ
ええ?
言うなっていわれてるから内緒にしてほしいんだけどぉ
松山くんより潜在能力高いと思うって
マジすか
オレが
能力高い?

勘がすごく いいって
いやあ 勘のよさ だけは ほめられる んだよね
ううん 声もワイルドで ステキって 聡美が……
あっ これは言っちゃ だめだった
じゃまた 明日教室 でねっ
うっ うっす!
やめないでね おバカちゃん

第7章「質量」とはなにか

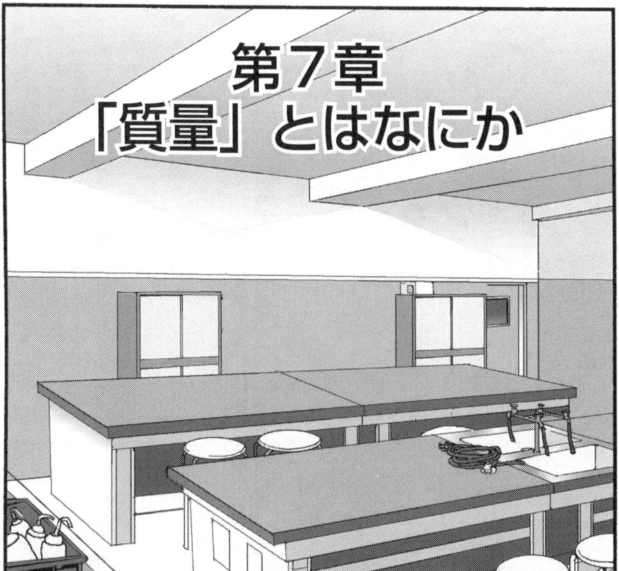

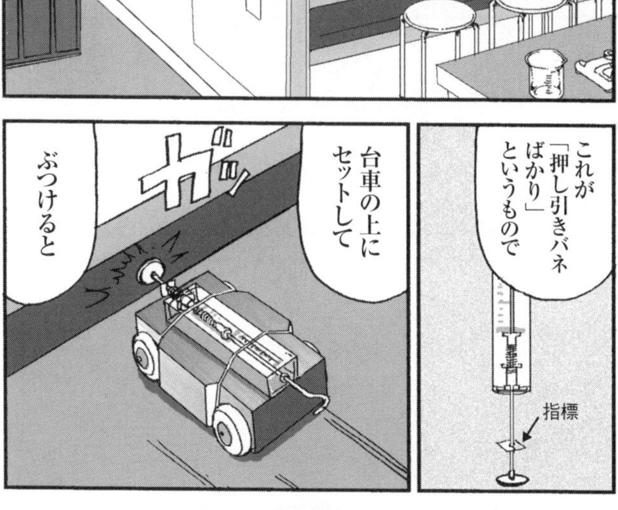
これが「押し引きバネばかり」というもので
指標
台車の上にセットして
ガッ
ぶつけると

押し込められた
位置に指標が
止まるので
衝撃の大きさが
測れる
というものです
ふんふん
ニヤリ
では片方には
オモリをたくさん
のせた重い車
こちらは
軽い車
ぶつけたら
どうなるのか
見ててね

ガッ
やっぱり軽いほうが飛ばされるじゃん
でもほら力の大きさは同じ
あれー?
止まってる重い車に軽い車がぶつかってきても
カッ
やっぱりそれぞれ同じ

どっちが重くても
どっちが速くても
強くあたっても
弱くあたっても
及ぼしあう力の大きさは
うわー同じか
ということは……
ボールがバットにあたった瞬間
ボールが飛ばされる力の大きさと
バットがはじき返される力の大きさは同じということ?

ビンゴ！
それが作用反作用の法則ね
じゃあなんでボールは飛んでバットは飛ばないんだ？
そーだよな……
それが慣性の大きさの違いってやつね？
かんせーのおおきさ
応援の声のことじゃないぞ
重いほうが動きにくいってことよ
バットのほうがボールより重いでしょ？

はい
ストップー
ここんとこは
とても大事な
部分なので
丁寧に考えて
みます
慣性とは
物体が速度を
保とうとする
性質のことで
物体によって
その程度に
違いがあります
ボールを飛ばす
という話は正確には
運動量の話に
なってしまうので
もう少し単純な
例にしようか
大小二つの球が
あるとします
たとえば
ボウリングの球と
野球の球ね

速度を変えるはたらきをするのは「力」だから
力を加えて速度の変えにくさ……つまり加速に対する抵抗を見てみる
二つの球に同じ大きさの力を加えてみると
加速度 小
加速度 大
加速度が小さいほうが速度を変えにくいだから慣性が大きいここまではいい？

じゃあ慣性が大きい物体と小さい物体はなにが違う?
大きさが違う
重さが違う?
じつは「質量」が違うのです
質量?
そもそも物体とは木や鉄などの物質を大小の塊に分けたもので「質量」とは物体が持つ物質の分量という意味です
うーん
ややこしいことにその分量の量り方が二通りあるの

見かけも大きさも同じ鉄球が二つあります
でも片方は中空だとする
どうやって見分けたらいい？
投げてみりゃいい
バカだな触ったらだめだろ
そんなこと聞いてねえもんよ
いいのよそれで正解
まず手に持って重いほうが中身の詰まった球よね
ズシッ
この重さは物体にはたらく地球の重力の大きさと考えられる

重力の大きさが2倍なら物体の分量も2倍と考える
はかりはこの原理を使ってるのよね
このようにはたらく重力の大きさが物体の分量を反映しているという考え方を
「重力質量」といいます
でも地球を回る宇宙ステーションだったりすると重力が遠心力に打ち消されて重さがゼロになってしまう

じゃあ そこでは どうやって 見分けるかと いうと
タブチくんが 答えを出しました
増田 だってば
投げてみるか 持って 動かして みればいい
抵抗が大きくて 動かしにくい球 すぐ動く球
どっちが 中空？
すぐ動くほうが 中空だ！
おう オレも わかった
物体が速度を保とうとする慣性の大小が物体の分量を反映しているという考え方ね
これを「慣性質量」といいます

同じ大きさの力を加えて生じる加速度の大きさが2分の1なら
その物体の分量は2倍あると考える
a
力
力
a/2
それは月の上でも地球上でも宇宙空間でも変わらない
この二つの質量
ズシッ
慣性質量
重力質量
物理的には
定義も量る方法も違うまったく別のもの
なんだけど……
実験の結果はいつも同じ

重力質量が2倍の物体同士で
A
B
F
2F
慣性質量を比べてみると
ぴったり2倍
a
力
A
力
B
a/2
なぜか同じになる
＊どっちでも変らないならいっしょにしちまえばいいのに
お　アインシュタインと同じことを言った！
え？
アインシュタインは自然の基本原理として素直に受けとめようと言ったの
重力で決めた物体の分量と慣性で決めた物体の分量が等しくなること
これを「等価原理」といいます

＊ 高校物理では両者を区別せず単に「質量」（単位は［kg］）とよんでいます。

やるね 増田山くん
山は いらない
相撲取りと 違うし
でもまあ これからオレを アインシュタインと 呼んでもよし
おまえ 知ってるのか アインシュタインって
うん 知らん
その堂々と しているところが 増田のすごい ところだな
知らないことは 恥じゃない ただ知らない だけ
大物なんだね
それを 恥というんだよ

次に
台車とゴムで
物体に力を
加えた状態を
実験してみます
物体に力を
加えると
速度が変化
する
言い方を
変えると
加速度を
生じさせた
ということ
ね
うん
ところで
加速度って
なんだっけ？
げっ

あれだろ? 車で走り始めに シートに 押し付けられる
うんまあ それだな
この前電車で わかったんだけど
速く走って いても 押し付けられる わけじゃない のな
あたりまえ じゃん
ムカ
そそ 速度と 加速度は 違うからね
距離を時間で 割ったものが 速度
速度変化を 時間で割った もの つまり 速度変化の速さ を表すのが 加速度
ここまでは いいですね?
う うん
……
がんばれよ アインシュタイン

＊「馬力」とここまで述べてきた「力」は異なる物理量です。

そう正確に言うと「力」と「質量」ね
そうとも言うな
調子乗ってきやがったなー
マツダくんはそこ押さえて
ひつこいようですが増田です
デンチューは台車を引いて同時に離して
ゴゴ・ー
ほとんど同時でした?
ほぼいっしょ

では片方に
オモリを
のせました
どうなる
でしょう？
重いほうが
遅くなる
うん
ゴン
はい
その通り
でした
うっし
では元に
戻して
今度は
ゴムを
2本に
してみたら？

ゴム2本が速い
ゴォン
そのとおり!
イエー
ガッ
では次はちょっと難しい
オモリ付きゴム2本ではどうなる?
ゴム1
ゴム2
ちなみにオモリは台車と同じ質量なので質量は2倍となります

それは同時じゃないか
おー気が合うなデンチュー
やってみて
ゴッ
ゴッ
ん!ほぼ同時でオッケー?
ちょっと微妙だったけど
質量を3倍にしてゴムを3本にしても
同時
これが力と質量と加速度の関係です
なるほど

はいはい 今の話を 整理すると
質量は m 力は F 加速度は a と書きますが
パン
パン
mを一定にして Fを2倍、3倍、…にすると aは2倍、3倍、…になる ということは
$a \propto F$
Fとaは 比例する
うわー 呪文が きたー!
なんだ あの虫 みたいな マーク
∝ 比例するって 見たことない?
ねえ
引っ張るゴムの 力の大きさが 3倍になったら 加速度も3倍に なるってこと
それだけ?
うん

注　m：mass　F：Force　a：acceleration

力*F*を一定にして質量*m*を2倍、3倍、…にしたら
加速度*a*は2分の1、3分の1、…になる
a
$\frac{a}{2}$
$\frac{a}{3}$
$a \propto \frac{1}{m}$
*m*と*a*は反比例するもしくは*m*分の1に比例する
二つをまとめて式で書くと
$a \propto \frac{F}{m}$
こういうこと
わかりました?
いんや
オレは感覚で理解するタイプだから
おまえはわからなくていいんだって

わかりやすく言うと速度変化の原因は力にあって
速度変化の速さつまり加速度は力の大きさに比例して質量に反比例する
おまえそれでわかりやすいと思うのか？
これでわからなきゃ進めないでしょ
だいたい関係ないんだおまえは
物理的には同じじゃないんだけど
*車にたとえると車体が軽いほどエンジンの馬力が大きいほど加速がいいということ
あなんだそういうことか
ええ？
そんなんでわかるの？
ああ
…でー

＊「馬力」と「力」は異なる物理量なので、この部分は正確なたとえではありません

比例定数kを入れればイコールを使った式にできるから
$a=k\frac{F}{m}$
こうなる
正確にはFとaはベクトル量なので
$\vec{a}=k\frac{\vec{F}}{m}$
となって
力の向きに加速度を生じるということがわかるよね
ボー
ボーー
SEI GAKU
わかるかい!
おまえに説明してねえんだって
でもここがわからないと試験は厳しいなあ
まあまあ

では
同じ高さから重さが違う物体を落としたとき
カコーン!
同時に落ちるのはなぜ?
ええ? 重いほうが先に落ちるんじゃね?
ふふふ 違うんだって

なんだ その余裕の 表情は
そうか? いやそんな ことない けどさ
さっきの台車の 実験を
縦にして 考えてみると
質量が2倍の とき同時に 着くには?
引く力を 2倍にする
重いものは それだけ 大きな力で 引かれている ってことか

重力って同じ力で引っ張っているんじゃなくて
質量の大きいものほど大きな力で引っ張っているってこと？
そうか！重力ってそういうものだったのかぁ！
そう！質量が2倍になるというのはそれだけ動きにくくなることなんだけど
引く力つまり重力が2倍になるので同じ加速度で落ちるのよ

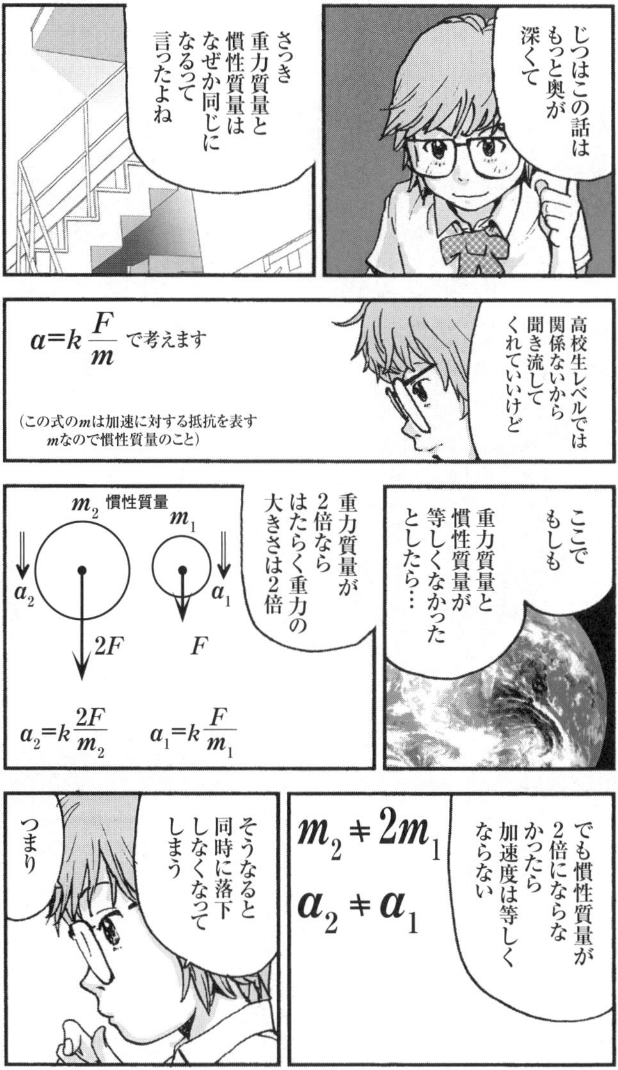
じつはこの話はもっと奥が深くて
さっき重力質量と慣性質量はなぜか同じになるって言ったよね
高校生レベルでは関係ないから聞き流してくれていいけど
$a=k\frac{F}{m}$ で考えます
（この式のmは加速に対する抵抗を表すmなので慣性質量のこと）
ここでもしも重力質量と慣性質量が等しくなかったとしたら…
重力質量が2倍ならはたらく重力の大きさは2倍
m_2 慣性質量
m_1
a_2
a_1
$2F$
F
$a_2=k\frac{2F}{m_2}$
$a_1=k\frac{F}{m_1}$
でも慣性質量が2倍にならなかったら加速度は等しくならない
$m_2 \neq 2m_1$
$a_2 \neq a_1$
そうなると同時に落下しなくなってしまう
つまり

重い物体と軽い物体が同時に落下するのは
重力質量と慣性質量が等しいからであって
等価原理が成り立つことにその本質があるの
等価原理のことを「重い物体と軽い物体が同時に落下する」ということもあるくらいなんだけど……
わかった?
いんやよくわからんです

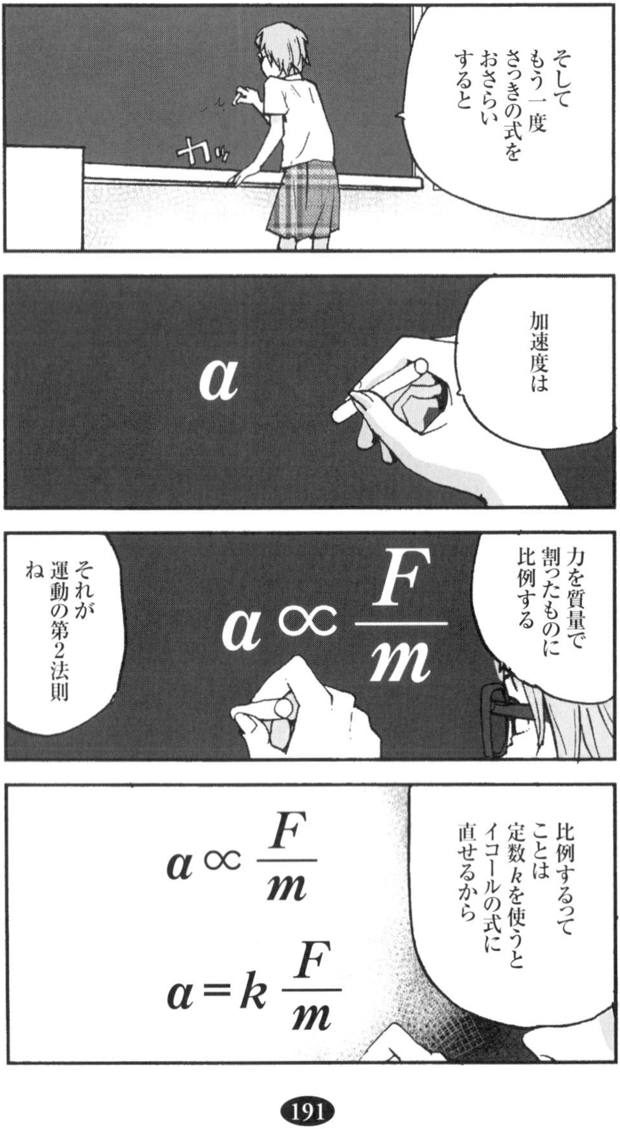
そして
もう一度
さっきの式を
おさらい
すると
カッ
加速度は
a
力を質量で
割ったものに
比例する
$a \propto \frac{F}{m}$
それが
運動の第2法則
ね
比例するって
ことは
定数kを使うと
イコールの式に
直せるから
$a \propto \frac{F}{m}$
$a = k\frac{F}{m}$

分母をはらって変形すればこうなる
$m \times a = k \frac{F}{m} \times m$
$ma = kF$
この式で力の1単位の大きさを決めているの
質量1kgの物体に
ある大きさの力を加えたら
1kg
1
力
$1m/s^2$
1$[m/s^2]$の加速度を生じたとする
その力の大きさを1単位とすると
$ma = kF$ に代入して
$1 \times 1 = k \times 1$
$k = 1$

ほら比例定数が1になってすごく式が簡単になるでしょ
$k=1$
$ma=F$
この力の単位をニュートンにちなんで[N]と書いてニュートンと読みます
aとFがベクトル量であることから
$m[\mathrm{kg}]\cdot\vec{a}[\mathrm{m/s^2}]$
$m[\mathrm{kg}]\cdot\vec{a}[\mathrm{m/s^2}]=\vec{F}[\mathrm{N}]$ *

＊ 両辺で単位は一致 $[\mathrm{kgm/s^2}]=[\mathrm{N}]$
$[\mathrm{kgm/s^2}]$ を [N] と書く約束をしたという意味

m[kg]・$\vec{a}$[m/s^2]＝$\vec{F}$[N]
これが有名な運動方程式です
物体にいくつも力がはたらくときは$\vec{F}$はそれらの合力と考えればいい
ということで…
一見難しそうだけど
力は質量と加速度をかけたもので
質量はどこに行っても変わらないから
この力の単位は宇宙のどこでも使える万能の単位なの

合力が一定ならば加速度は一定になり等加速度運動をする
合力がゼロならば加速度はゼロになり等速度運動をする
というこことがこの式からわかるわけ
$m[\mathrm{kg}]\cdot\vec{a}[\mathrm{m/s^2}]=\vec{F}[\mathrm{N}]$
太陽系の過去や未来惑星探査機の軌道なんかもこれで計算できる
運動方程式ってすごいのよ

うーん…
なんとなくすごいということは伝わりました
……
そんなところで
ニュートンがみつけた三つの運動の法則まで来ましたので
力学の基本はここまで！
えっそうなの？

やったぁ！
すげえ！
長かったなあ！ここまで
おまえはこの前からだろ
オレは前より理解できているんだろうか……
はいはい
テストしてみたら？
テスト
ここからが私の出番ね
実戦的な問題を解いていって試験に対応するようにしてもいいよね
ひー

練習問題

問題1. 直線上を右グラフのように速度を変化させながら運動する物体がある。これについて次の各問に答えよ。

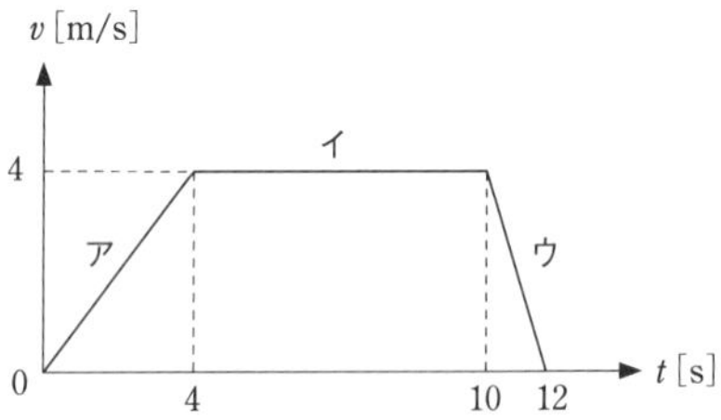

(1) ア、イ、ウの運動はそれぞれ何とよばれているか。

(2) 0 ～ 12 [s] 間の移動距離を求めよ。

(3) 物体の加速度はどのように変化するか。加速度 a と時間 t との関係を表すグラフを描け。横軸1目盛りは1 [s] 間とし、縦軸の目盛りの値は記入せよ。

(4) $a-t$ グラフで、0 [s] ～ 4 [s] の間の t 軸との間で囲まれた面積は、その時間内の何を表しているといえるか。

問題2. 図のように、物体が軽い（質量を無視できる）糸によって天井からつるされている。図中の矢印は物体にはたらく重力を表すものとする。これについて、以下の各問に答えよ。

なお、力を図示するときは、矢印の長さに注意して描け。

(1) 物体にはたらく重力とつりあう力を図示し、何が何を引く力か答えよ。

(2) 糸が物体を引く力の反作用の力を図示し、何が何を引く力か答えよ。

(3) 物体にはたらく重力の反作用の力は、何が何を引く力か答えよ。

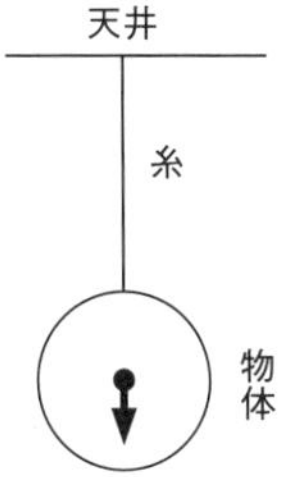

問題3．手で台車を押すと、手は台車からも同じ大きさの力で押される。だから、台車は動かない。この考え方は正しいか。

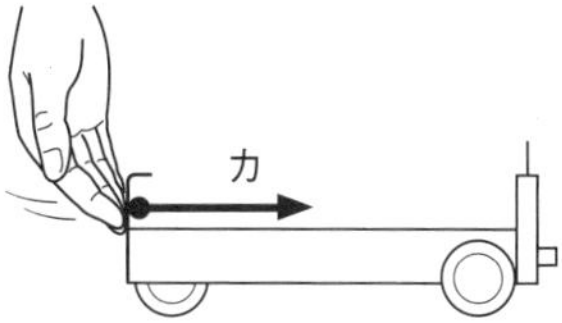

問題4．バネはかりと天秤、それぞれ物体の何をはかっていることになるか。（ヒント：地球上での測定と月面上での測定を考える）

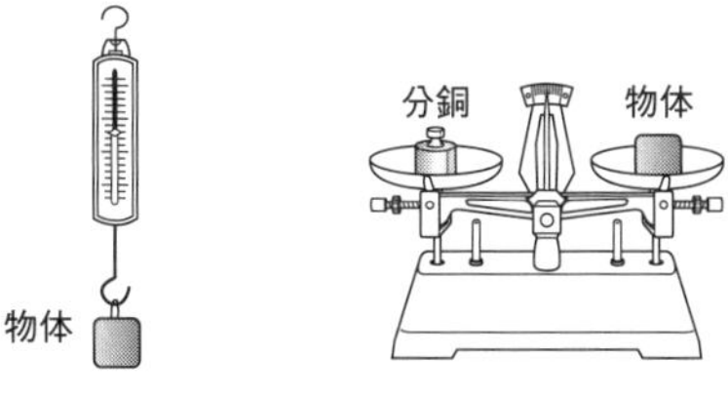

問題5．右図のように、質量2 [kg] の物体に右方向に10 [N] の力を、左方向に5 [N] の力を加えたとき、物体に生じる加速度を求めよ。

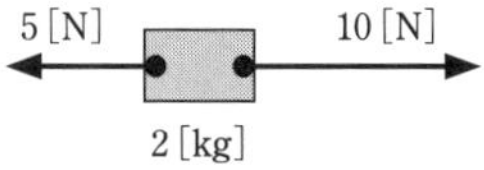

問題6． 右図のように、糸につるした質量 m [kg] の物体を大きさ F [N] の力で引いたところ、上向きに加速した。重力加速度の大きさを g [m/s^2] とするとき、物体に生じる加速度の大きさ a [m/s^2] を求めよ。

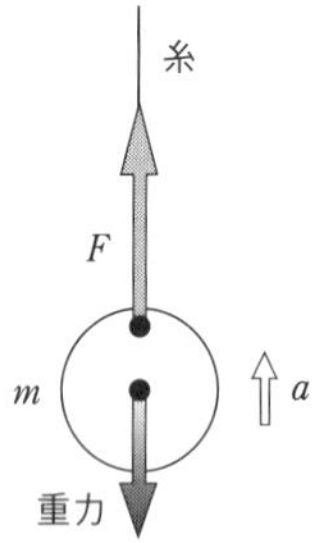

問題7． 別々の軽い台車に載せた質量 20 [kg] の荷物Aと質量 10 [kg] の荷物Bが接して水平な床に置いてある。荷物Aを 15 [N] の力で右方向に押し続けた。台車と床面との摩擦は無視できるものとして以下に答えよ。

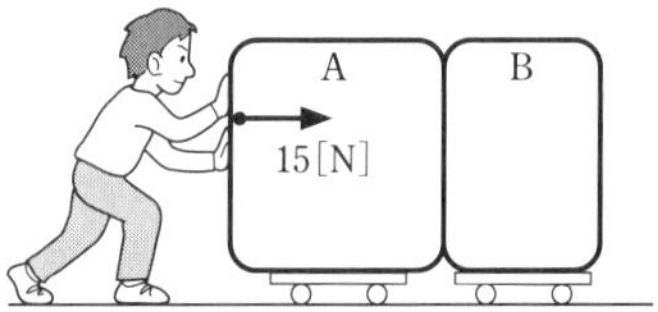

(1) 荷物Aが荷物Bを押す力の大きさは 15 [N] と比べてどうなるか、予想してみよ。次のア～ウから選び記号で答えなさい。

ア．15 [N] より小さい　イ．15 [N]　ウ．15 [N] より大きい

(2) 荷物A、Bに生じる加速度の大きさを求めよ。

(3) 荷物Aが荷物Bを押す力の大きさを求めよ。

問題8． 質量 m の小球を速さ v_0 で水平に投げた。投げた時刻を0、重力加速度の大きさを g として、次の各問に答えよ。

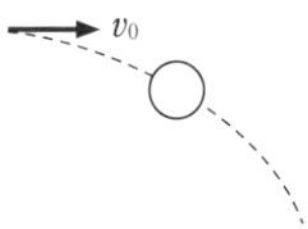

(1) 小球にはたらく力を図示し、どんな力か述べよ。

(2) 時刻 t における小球の速度や位置はどうなるか。投げた点を原点とし、水平右方向に x 軸、鉛直下方に y 軸をとり、それぞれの方向について運動方程式をたてて考えてみる。

次の文の（　）に適語、適当な式を書き入れよ。

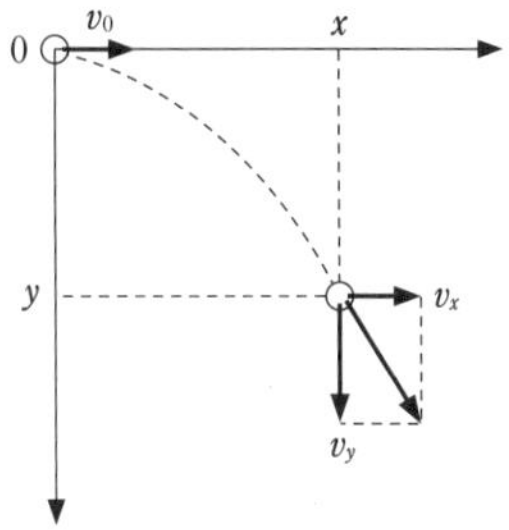

① x 方向：$ma_x = F_x$

$F_x =$ (　　　) より $a_x =$ (　　　)

よって、水平方向には (　　　　) 運動をする。

・時刻 t における水平方向の速度成分 v_x は $v_x =$ (　　　　)

・時刻 t における位置 x は

$x =$ (　　　　)

② y 方向：$ma_y = F_y$

$F_y =$ (　　　　) より $a_y =$ (　　　)

よって、鉛直下方には (　　　　　) 運動をする。

・時刻 t における鉛直下方の速度成分 v_y は

$v_y =$ (　　　　)

・時刻 t における位置 y は

$y =$ (　　　　)

③ x と y から t を消去すると、$y =$ (　　　　) となる。
これは、物体の運動する軌跡を表している。この軌跡は (　　　　) と呼ばれている。

(3) このように、一見複雑に見える運動もいくつかの方向に分けて考えると、それぞれの方向に独立に運動を行っていることがわかる。これを運動の（　　　　）という。

答え

問題1

(1) ア．等加速度直線運動　イ．等速直線運動　ウ．等加速度直線運動

(2) 36 [m]、t 軸との間で囲まれた面積が 0 [s] ～ 12 [s] 時間内の**位置の変化量**、すなわち移動距離に相当する。

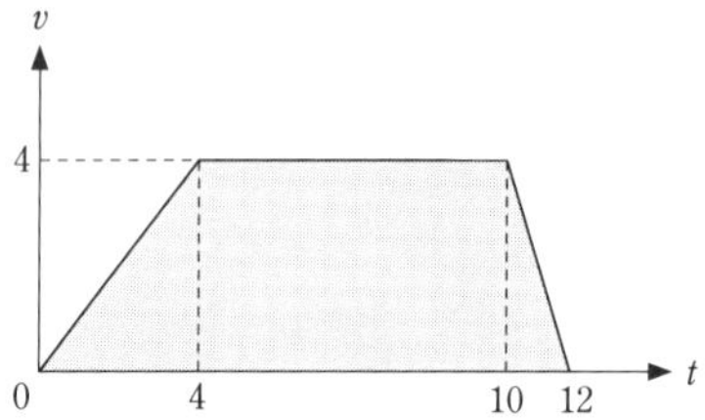

(3) $v-t$ グラフの傾きが、加速度に相当する。

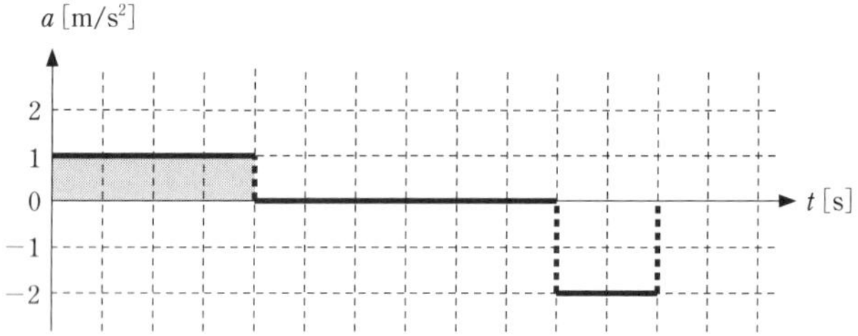

(4) 面積 1 [m/s^2] × 4 [s] ＝ 4 [m/s] ← 0 [s] ～ 4 [s] の間に速度が 4 [m/s] 増えた（0 [m/s] → 4 [m/s]）。

t 軸との間で囲まれた面積は 0 [s] ～ 4 [s] の間の**速度の変化量**に相当する。

ちなみに、10 [s] ～ 12 [s] 間なら

面積＝− 2 [m/s^2] × 2 [s] ＝− 4 [m/s]

となり、速度が 4 [m/s] 減ったことを表している（4 [m/s] → 0 [m/s]）。

練習問題

問題 2

(1) 糸が物体を引く力

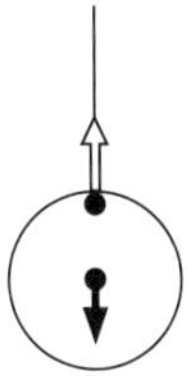

物体にはたらいて、重力と同一作用線上で大きさが等しく向きが反対。重力とこの力が打ち消しあって物体は静止している。

(2) 物体が糸を引く力

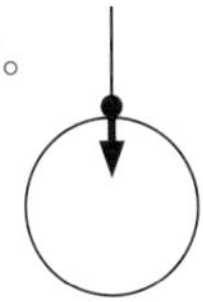

糸が物体を引く力と作用反作用の関係にある力。

力は相互作用

引けば引き返される関係の力。
糸が物体を引く力と同一作用線上で
大きさが等しく向きが反対。

(3) 物体が地球を引く力（図には書き込めない）
物体にはたらく重力は、地球 が物体を引く力。
引けば引き返される関係の力。

問題 3

誤り。この考え方が正しければどんな物体も動かすことができない。これは、「作用反作用」と「つりあい」を混同している。**物体の運動は、外から物体にはたらく力（外力）によって決まる**のであって、物体が外に及ぼす力は関与しない。台車が手を押す力は、台車の運動には関係しない。

なお、「つりあい」は一つの物体に外からはたらく力が打ち消しあっている状態をいう。その場合、静止していた物体は静止を続け、運動していた物体は等速度運動を続ける（慣性の法則）。

問題4

バネはかり：物体の重さ（物体にはたらく重力の大きさ）をはかっている。

→重さは場所によって変わる（例：月面上では地球上の$\frac{1}{6}$）。

天秤：物体の重力質量をはかっている。

→物体にはたらく重力の大きさと、分銅にはたらく重力の大きさを比較している。物体にはたらく重力の大きさは場所によって変わるが、分銅にはたらく重力の大きさも同じ割合で変わる（重力の大きさの比［物体：分銅］は、地球上では1：1、月面上では$\frac{1}{6}:\frac{1}{6}=1:1$）。よって、物体の重力質量は、どこでも同じ値になる。ただし、測定は重力のはたらくところでのみ可能。

問題5

運動方程式を使う。

合力の方向に加速度を生じる。したがって、加速度は右方向。

右方向を＋として式を作ればよい。

物体にはたらく合力＝質量×加速度

$10\,[\mathrm{N}] - 5\,[\mathrm{N}] = 2\,[\mathrm{kg}] \times a\,[\mathrm{m/s^2}]$

$\therefore a = 2.5\,[\mathrm{m/s^2}]$

練習問題

右方向に2.5 [m/s²] の加速度（加速度はベクトル量だから方向も書く）

問題 6

まず、質量 m [kg] の物体にはたらく重力の大きさを考える。仮に、質量 m [kg] の物体を自由落下させたとすると、重力により g [m/s²] の加速度を生じることから、運動方程式より

重力 $= m$ [kg] $\times g$ [m/s²] $=$ mg [N] となる。

↑覚えておこう！

上向きに加速することから　$F > mg$ なので、上向きを＋として運動方程式を作ればよい。加速度の大きさを a として式を作る。

物体にはたらく合力＝　質量　×　加速度

F [N] $-$ mg [N] $=$ m [kg] $\times$ a [m/s²]

$$\therefore a = \frac{F - mg}{m} \text{ [m/s}^2\text{]}$$

問題 7

(1) **アが正答。** 荷物はA、Bとも右向きに同じ加速度でいっしょに動く。荷物A、Bそれぞれに水平方向にはたらく力を考える。

F：人がAを押す力
f_1：BがAを押す力
f_2：AがBを押す力

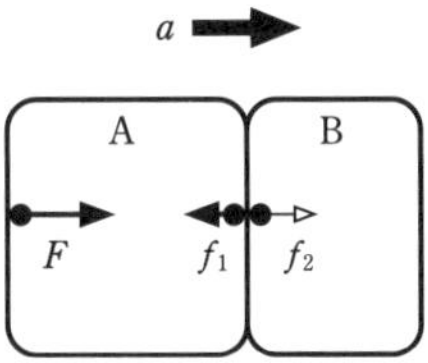

Aが右向きに加速するには、$F > f_1$でなければならない。作用反作用の法則から$f_1 = f_2$であるから$F > f_2$となる。誤答としてはイが多い。これは、人が押す力がそのままBに伝わると考えてしまうからだ。

(2) 荷物A、Bそれぞれにはたらく力が違うので別々に運動方程式をたてる必要がある。右方向を＋、生じる加速度の大きさをaとすると、$F = 15$ [N] であるから、

合力　＝質量 × 加速度

A：$15 - f_1 = 20 \times a$ …①

B：$f_2 = 10 \times a$ …②

ここで、f_1とf_2は作用反作用の法則から大きさが等しい。

$f_1 = f_2$　よって、①＋②を計算すると

$15 = 30a$ …③　となり、$a = 0.5$ [m/s^2] と求まる。

なお、③式からAとBが質量30 [kg] の一体の物体で、それに15 [N] の力がはたらいた場合と同じになることがわかる。

(3) ②式に(2)で求めた$a = 0.5$ [m/s^2] を代入すると、$f_2 = 5$ [N] となり、(1)が確認できる。

問題8

(1) 鉛直下方に重力（右図）。

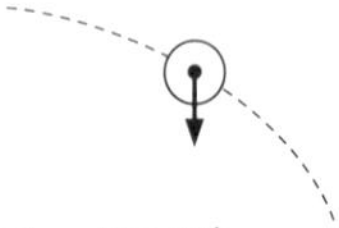

(2) ① $F_x = 0$、$a_x = 0$、等速度、$v_x = v_0$、$x = v_0 t$

② $F_y = mg$、$a_y = g$、等加速度、$v_y = gt$、$y = \frac{1}{2}gt^2$

③ $y = \frac{g}{2{v_0}^2}x^2$、（$g$と$v_0$は定数、よって$y \propto x^2$より）放物線

(3) 独立性

第8章
わかるって面白い

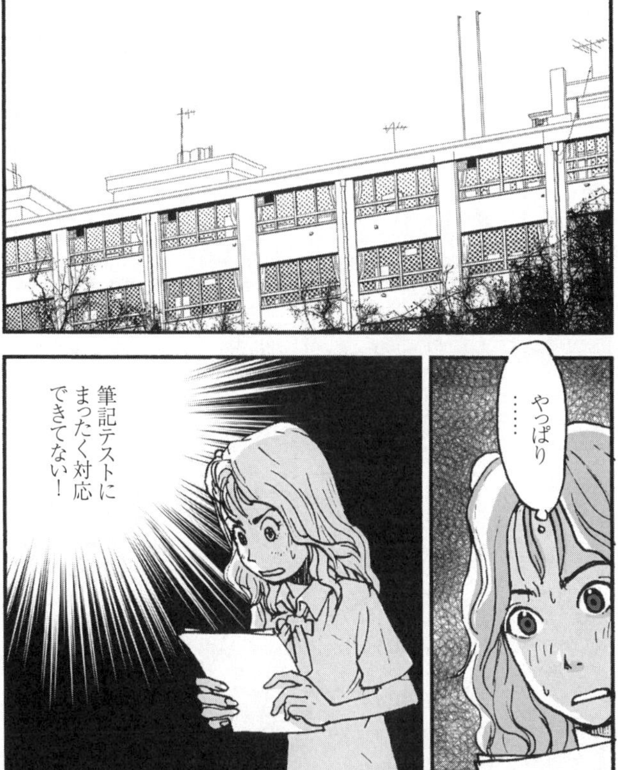
やっぱり……
筆記テストにまったく対応できてない！

原理原則がわかったとしても
点数を取ることはできない!
どどどどうすれば
でももう時間がない
じゃあ今日はおつかれさん
また明日からがんばろー
どうするの久保さん!

ダメだった?
そういう次元にいないよ
バンッ
方法が間違ってたと思う
基本にこだわったあげく
なにも結果を残せなかった
ボリボリ
質量も加速度もよくわかってないのに
運動方程式を理解させるって……
うーん……
もうちょっと基本をやらないとだめかな?
違うでしょ!

あなたには勉強ができない人の気持ちがわからないのよ
彼らは物理をわかりたいなんて思ってないよ
この状況をなんとかしたいだけ
かばんあったか
しっ
力学だけじゃなくてこの先波動も電磁気も出てくるでしょ
どんどん複雑になってこんがらがっていくよね
理解させようってのは間違いだと思う

落下の式は
$v=gt,\ x=\frac{1}{2}gt^2$
運動方程式は
$m\,[\mathrm{kg}]\cdot\vec{a}\,[\mathrm{m/s^2}]=\vec{F}\,[\mathrm{N}]$
公式の丸暗記でいいのよ
原理原則なんてわかる必要ない
どこになにをあてはめていくのか そのパターンさえつかめれば点数は取れるから
具体的にどういうカリキュラムを組めばいいのか それを考えてみましょうよ

そんなつまらないことなんでするの？
え？
だって物理のテストで赤点取らないためにやってるんでしょ
あー
そうかそういう話もあったっけ
あったっけって……
それが一番大事なことじゃない
そうかなー

だってテストをクリアするためにやってるんじゃないの！
最終的には受験があって……
？
わかるって面白いからだよ
公式の暗記なんてしたって絶対忘れるから時間のムダ
忘れたっていいのよ今を乗り切れば
今？

一生覚えていたくないの?
野球で投げる球も宇宙で回ってる星も同じ簡単な法則で動いているって
とっても面白くてステキな話じゃない?

り…
理想論よ
机上の空論
だわっ
みんな
無理やり
覚えるのよ
楽しくもない
法則を
呪文みたいに
繰り返して！
そうして
寝る時間も
削ってこつこつ
積み上げた者
だけが
勝利の美酒に
酔えるんじゃ
ないの！
楽しいから
やってるんだと
思ってた……

む…むかつくー
とっとにかくっ
みんなはあなたみたいな天才じゃないから
実戦的な問題を解いていって
力をつけてもらうしかないと思う
そして行ってもらうのよ
夏の甲子園に！
甲子園？
天然もそこまでいったら滑稽ね
私が行かせてみせるわ

4当5落！
今が勝負時なのよ！
そうか……
そうだったんだ……
どうした？デンチュー

増田は
いつまで野球を
やる?
あ?
うー
大学にゃ
行かねえ
しなぁ
せいぜい
地元の
アマチュア
チームかな
1
SEI GAKU
おまえは
推薦があるし
うまくいきゃ
ドラフト
だって夢じゃ
……
いや
オレ
甲子園
しか見えて
なかった
SEI GAKU

……ってゆーか
それしか見ない
ようにしてた
先のことなんか
考えないで集中
しろって
それで
いいんじゃ
ねえのか？
今やってる
物理の問題
って
ものすごーい
基本練習
だったんだ
ランニングとか
キャッチボール
とかのレベルだな
とりあえず
今だけ我慢して
がんばる
……って
乗り切ろうと
思ってたんだけど
今だけ
今だけって
言いながら
本当はずっと
続いていく
んだよ

オレはどうしたいんだろう
この先も物理に興味を持っていたいのか
試験の間だけなんとかごまかせばオッケーか
ごまかせばいいんだろ？
そう思っていたんだけど
それでも地球は回っててさ
なんだって？

プロに行っても
地元のアマチュア
チームで
やっても
楽しく野球を
できたら
それは
すばらしい
ことだよな
まあな
甲子園のために
すべてを犠牲に
して地獄の練習
をする
大学受験のために
嫌いな科目を
バカ暗記する
どっちも
同じ
ことでさ
目の前しか
見てない
目の前だけを
見てるんじゃ
なくて
もっと
先まで
見ることが
できれば
面白い
んじゃないか
うーん
……
なんていうか
難しいんだ
けど……

本当に先のことを考えるなら
今を楽しんでいないとダメってことかな
オレにはよくわかんねえけど
うん まあいいや
今までより一戦一戦大事に戦おうって気分だな
おお そいつはいいな

第9章
観測者の立場

今日はね
はい？
たまには気晴らしに電車で旅行なんてどう？
えええええ？
れ練習はどうしようかなぁ……
ふふ
イマジネーションが大事なんだよ物理は

電車に乗って
ボールを持ってる
自分を想像してみて
な…
なんだ
想像
だけか
……
ぱっ
球を
落としたら
止まってる
電車では
もちろん
真下に
走ってる
電車でも
等速直線運動の
場合は
球はまっすぐ
真下に落ちる

＊ 同じ実験結果になるので、観測者の立場を区別することはできない。これらの観測者の立場を「慣性系」と呼ぶ。

たとえば
外が真っ暗で
相手の窓しか
見えない
2台の電車が
すれ違った
として
自分が動いて
いるのか
相手が動いて
いるのか
ゴオオオ
または
どちらも
動いている
のか
わからない
ああ
時々あるよね
そういうこと
これは
物理的にも
見分けることが
できない
自分の速度を
調べようと
どんな実験を
してみても
同じ結果に
なっちゃう
から
自分が
静止して
いるのか
どんな速度で
動いているのか
知ることは
できない

＊ 速度を示すには基準が必要ということ。

それがガリレイの相対性原理といわれるものです
……
あのお
はい
ガリレイの時代に電車があったの?
あっもちろんないよ
絶対的な静止がないということは電車でいうとこうですというたとえだから
うんうんなるほど

さてここからがイマジネーションの使いどころです
*加速度系について考えてみる
加速度系……
グオォォォ
加速している電車に乗ってるとして
ボールを落としたらどうなる？
真下には落ちないで
α
後ろへ加速しながら落ちていく

＊ 非慣性系とも言う。

そう
そのとおり！
しゃあっ
でもこの球に
はたらく力を
考えてみて
この球には
横方向に
なんの力も
はたらいて
いないのに
加速度
運動を
してる
なんの力も
はたらいて
ない……？

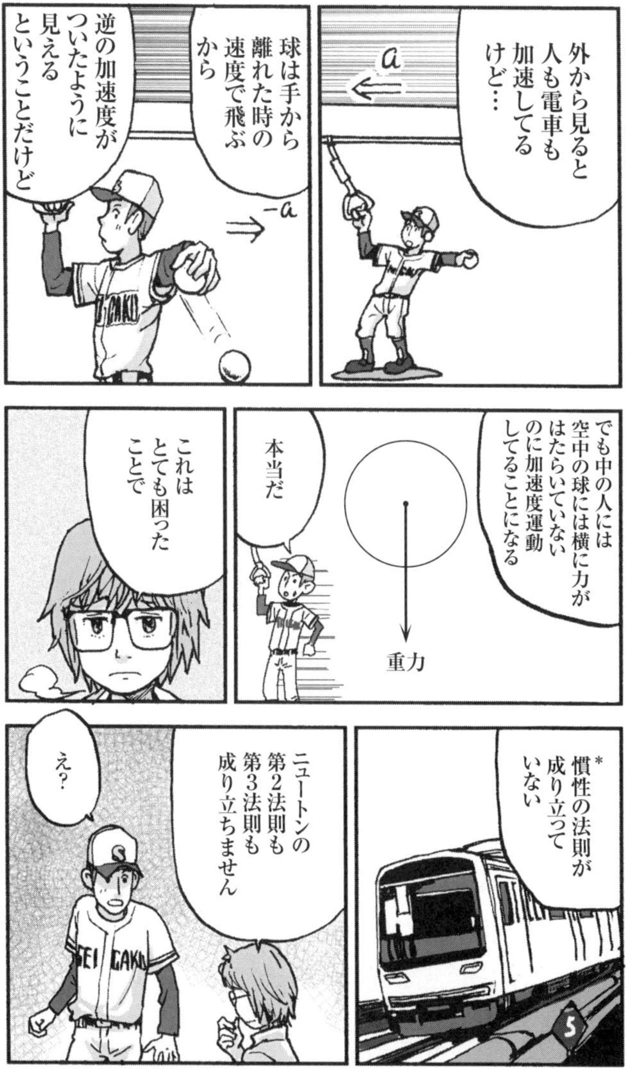
外から見ると
人も電車も
加速してる
けど…
a
球は手から
離れた時の
速度で飛ぶ
から
逆の加速度が
ついたように
見える
ということだけど
-a
でも中の人には
空中の球には横に力が
はたらいていない
のに加速度運動
してることになる
重力
本当だ
これは
とても困った
ことで
*慣性の法則が
成り立って
いない
ニュートンの
第2法則も
第3法則も
成り立ちません
え?

＊ 観測者の立場は、慣性の法則が成り立つ「慣性系」と、成り立たない「非慣性系（加速度系）」に大別できる。

そんな簡単にニュートンの法則って負けちゃうもん?
んーそうねー
しょうがないのでここは難しいこと言わないで加速度運動しているんだから力がはたらいていることにしましょうと
電車が左に向かって加速度→aで走ってるとき
a
質量m
重力mg
電車の中の人間が見ると
反対方向に向かって加速されながら落ちているように見えるので
加速
加速
g
加速度の原因の力がはたらいたと考える
力
重力

これを「慣性力」ということにしましょうと
……
そうすればニュートンさんも大丈夫
えーと…
結局それは力がはたらいているの？はたらいてないの？
見かけの力がはたらいている
見かけの……
つまり
偽ものの力がはたらいてるわけ？
偽ものつうんじゃないんだけど

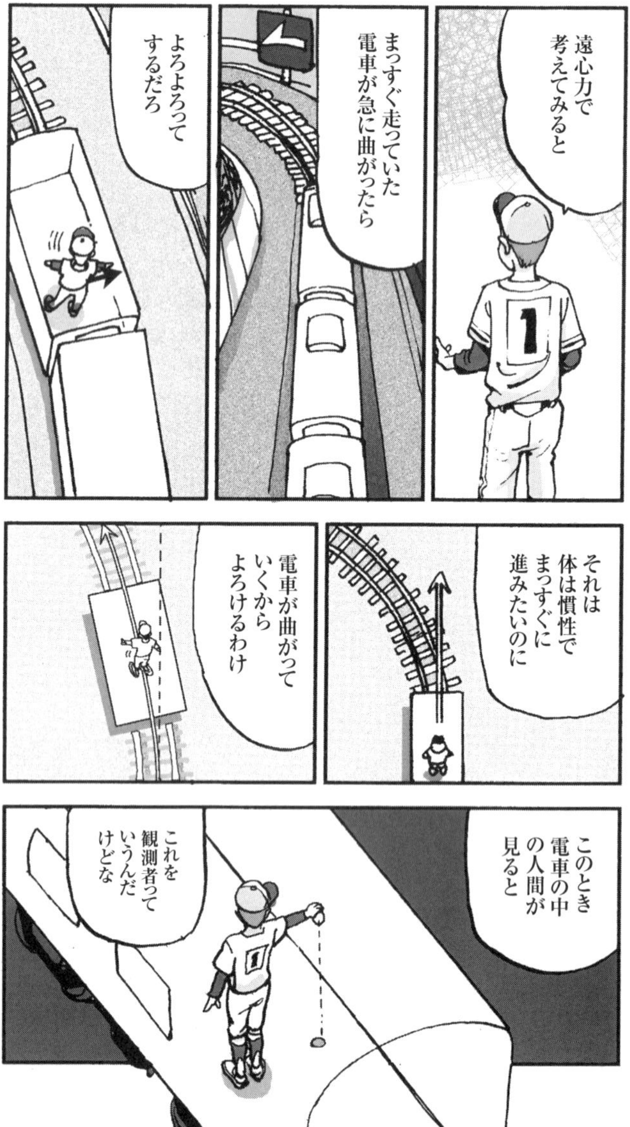
遠心力で考えてみると
まっすぐ走っていた電車が急に曲がったら
よろよろってするだろ
それは体は慣性でまっすぐに進みたいのに
電車が曲がっていくからよろけるわけ
このとき電車の中の人間が見ると
これを観測者っていうんだけどな

ボールは
自分から
外側に向かって
加速度運動
して見える
……
ところが
外にいる
観測者から
見ると
球は
まっすぐ
進んで
落ちている
だけ

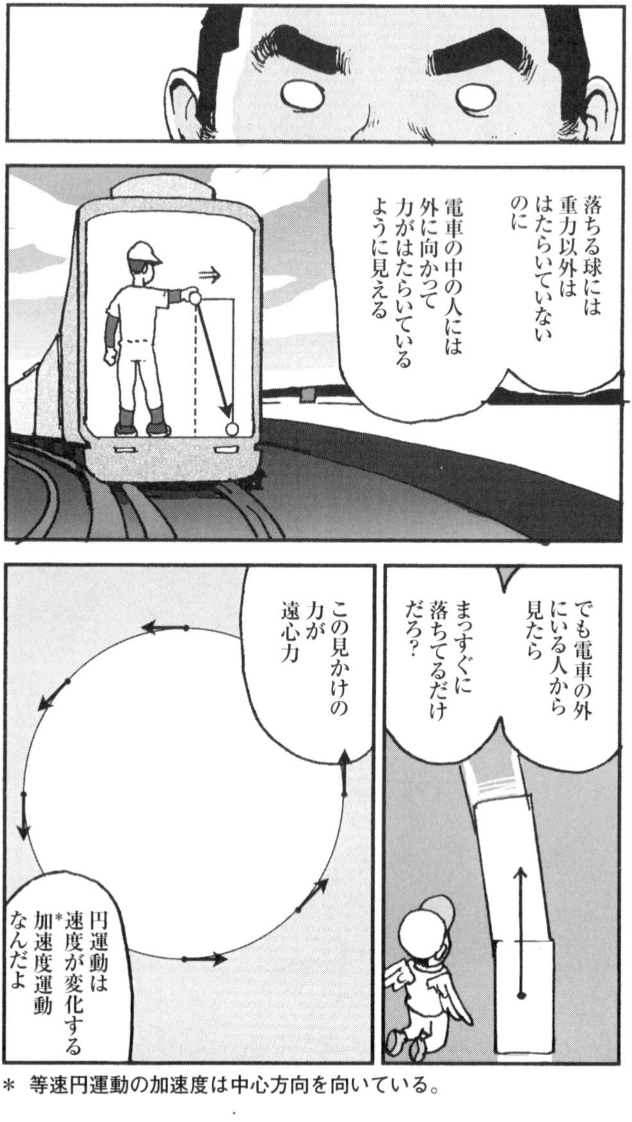

落ちる球には重力以外ははたらいていないのに
電車の中の人には外に向かって力がはたらいているように見える
⇒
でも電車の外にいる人から見たら
まっすぐに落ちてるだけだろ?
この見かけの力が遠心力
円運動は速度が変化する*加速度運動なんだよ

＊ 等速円運動の加速度は中心方向を向いている。

ふーん
やっぱり教えらんないよ
大丈夫人に教えるのはとても勉強になるから
変わった！
慣性力は
電車の中の俺たちから見たら電車の加速方向と逆にはたらき
力の大きさは質量×加速度でma
まるで別人のようにこんな複雑なことを理解してる

なんで?
作用点は重心にとる
そんなに急に変わるはずが……
それがあなたの答え?

マウンドが円盤に載ってるとするぞ
これが回るとしよう
ああ遠心力がかかるんだな？
たしかに遠心力もあるけど
投げてみるともっと面白いことが

なんだ！ものすごいシュート！
うん円盤の外から見るとまっすぐの球なんだが
円盤の上に乗って見ると曲がっていく
おおお！イメージができた！

これも見かけの力で「転向力」というんだそうだ
回転している円盤の上で動いている物体に生じる横向きの力
力
運動の軌跡
別名「コリオリの力」
「小料理の力」!?
そう包丁は背中からすーっと入れまして
……ってそんな力あるか!
のり突っ込みするかー

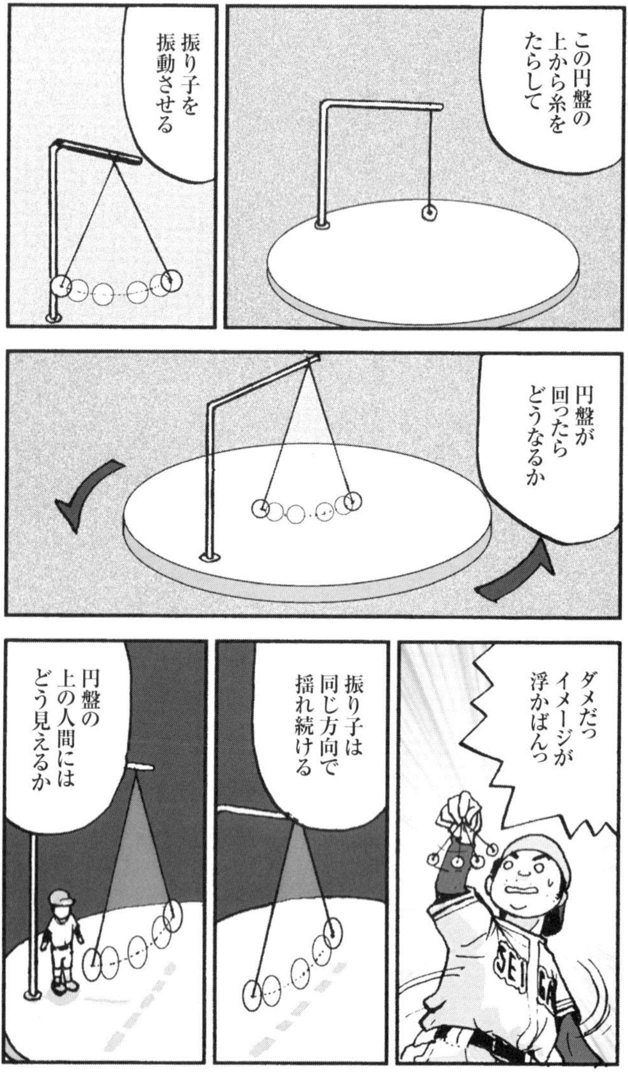

この円盤の上から糸をたらして
振り子を振動させる
円盤が回ったらどうなるか
ダメだっイメージが浮かばんっ
振り子は同じ方向で揺れ続ける
円盤の上の人間にはどう見えるか

あ
そうか
振り子が
ぐるっと
回って
見えるのか
*円盤の回転と
逆方向に
回っていくのか
それが
「フーコーの
振り子」

＊ 転向力により振り子の振動面が回転していく。

一八五一年の実験で地球が自転しているという証拠になったそうだよ
加速度系でも慣性力を考えればニュートンの運動の法則は使えるということで…
いいんだよね?
うん第3法則を除いてね
力は基本的に接触してないと及ぼせない
でもボールに何にも触れていない
慣性力
重力
これが引っかかる

でも大丈夫
それも後でなんとかなるから
へえ
それは楽しみだなあ
ふふふ
まとめると物体の運動を調べても自分が静止しているのかどんな速度で運動しているのか区別がつかなかったけれど
加速度運動をしているかどうかは慣性力がはたらくかどうかで区別できる
その通り！
デンチューよくわかってきたね！

じゃあ明日からは簡単な相対論をやろう
パン
そ……
相対論
なんか急に頭がよくなったのか？
男の人って……そんなに突然変わるものなんだ……
そうだった中学で50センチ伸びたんだよあいつ
背の話かよ……

第10章 アインシュタインの相対論

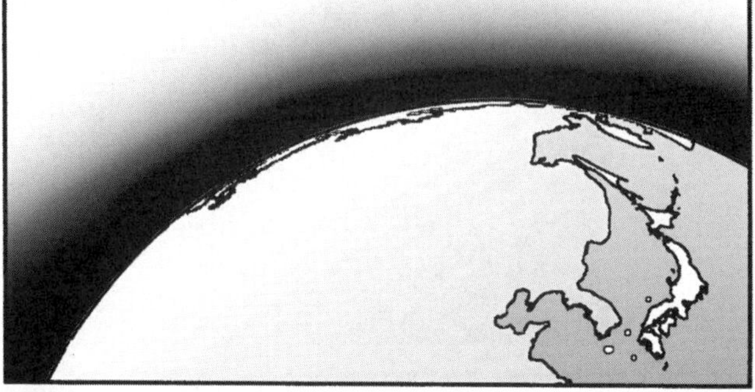

等速度運動は相対的な運動だったけど
はたして加速度運動は「絶対」運動といえるでしょうか
なんだって？
イメージしてみて

ずーっと続く
エレベーターが
あります
ゴォォォォ
上に向かって
加速してます
体は
重い？
ずーんと
重い感じ
ずっしり
うん
慣性力の
向きは下向き
下向きの
重力に
慣性力の分が
プラスされて
体重が重く
なる
イメージ
ばっちり
ずーん

逆に下に向かって加速したら？
ヒュー
体が浮かびそうに軽くなる
うんうん
この加速度がもっと大きくなったら？
つないでるワイヤーが切れて自由落下になったら？
体重がゼロ
そう無重量状態

エレベーターの中では重力mgと上向きの慣性力が等しくなった状態
g
慣性力
mg
m
重力
mg
エレベーターの中の人には
落下しているのかなにもない宇宙空間にいるのか見分けがつかない
そこでアインシュタインは考えた
加速度運動によって重力が消せるなら
加速度運動によって逆に重力と同じ効果を作り出せるのではないかと

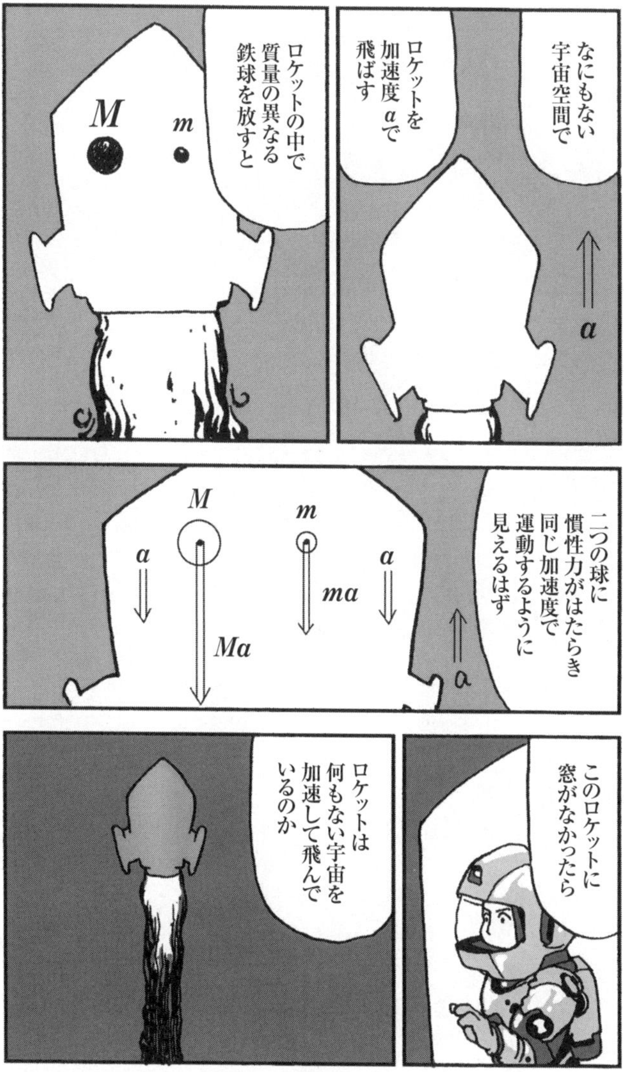
なにもない宇宙空間で
ロケットを加速度 a で飛ばす
a
ロケットの中で質量の異なる鉄球を放すと
M
m
二つの球に慣性力がはたらき同じ加速度で運動するように見えるはず
M
m
a
ma
Ma
a
a
このロケットに窓がなかったら
ロケットは何もない宇宙を加速して飛んでいるのか

星の重力を受けて球が落下しているのか
区別することはできない
このことも等価原理というの
ふんふん
だから床に押しつけられてもこのロケットは絶対に加速度運動をしているとは言えない
重力かもしれないから

そうか！
球に何もふれて なくても 重力がはたらいて いると考えれば
力
そ
第3法則も それでOK
さらに アインシュタイン は考えた
加速度運動 による慣性力と 重力の区別が できないのなら
加速度運動を しているときに 起こる現象は 重力がはたらく 場所でも起こる のではないか
それは 光が重力で 曲がることの 予想だったの

光が重力で曲がる?
光ってすごく面白いのよ
この世で一番速い特別な存在
エレベーターに小窓があって光が差し込むとする
光
エレベーターが加速度運動をすると
a
光
時間

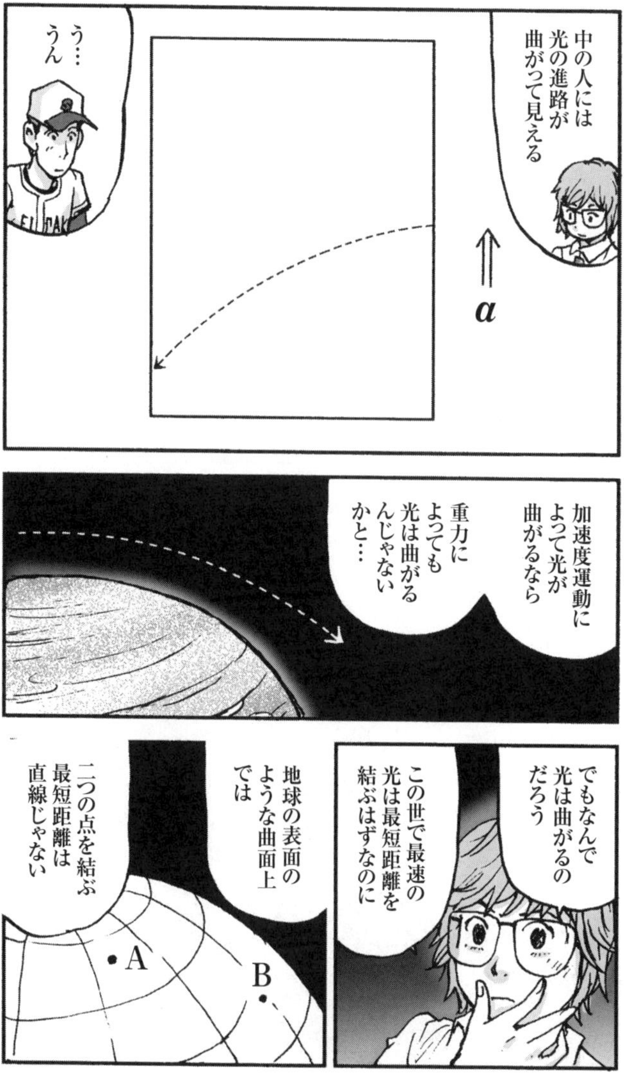
中の人には光の進路が曲がって見える
a
う…うん
加速度運動によって光が曲がるなら
重力によっても光は曲がるんじゃないかと…
でもなんで光は曲がるのだろう
この世で最速の光は最短距離を結ぶはずなのに
地球の表面のような曲面上では
二つの点を結ぶ最短距離は直線じゃない
A
B

曲面にそった曲線になる
A
B
おお
これと同じように
光が曲がるのは最短距離を進もうとして曲がる
つまり空間自体が曲がっているからではないか
空間が曲がってる……?
ものすごく大きいエレベーターが自由落下してるのを想像してみて

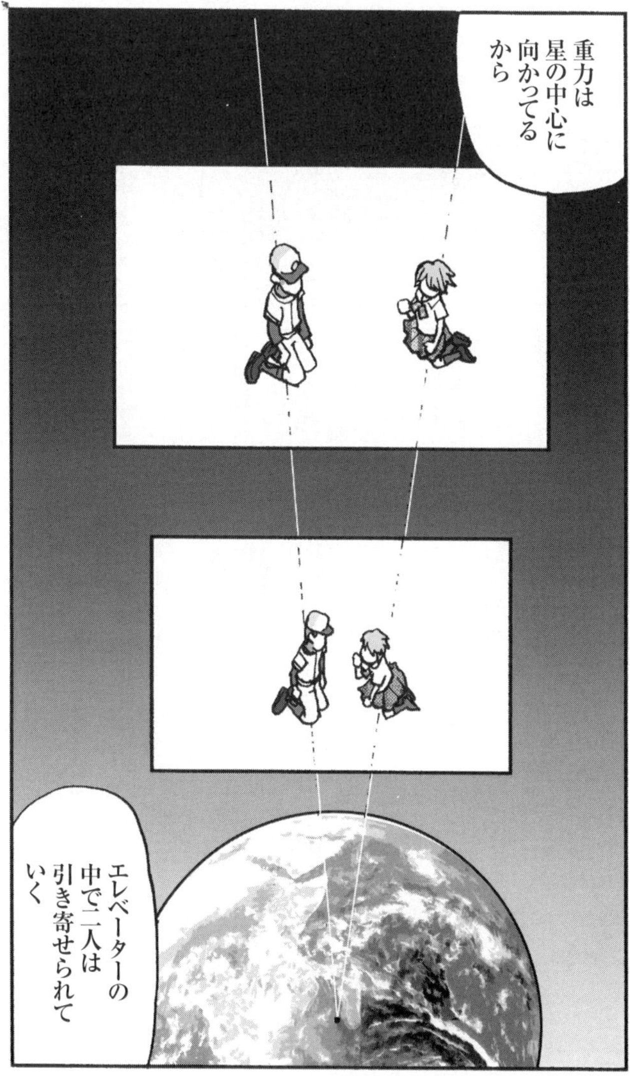
重力は星の中心に向かってるから
エレベーターの中で二人は引き寄せられていく

エレベーターの中ではいっしょに落ちてるから重力は打ち消されているはずなのに
なぜか近づいていく
この見かけの力はなんだろう
これは球面にそって最初平行に飛び立ったハチが
極点でハチ合わせになるのと似てるよね
現実の重力は自由落下では完全に消すことはできないってこと

つまり
空間が
曲がっている
空間が
曲がっている！
曲がっているから
引き寄せられて
いく
重力という
のは
もしかすると
空間の曲がり
そのもの
なんじゃない
か
ええ！
そうなの？
アインシュタイン
はそう言ってる

光や物体は重力という「力」の作用で曲がるように見えるけれど
地球や太陽のような巨大質量によって空間は曲がり
光や物体はその曲がった空間をまっすぐ進んでいるだけなのでは
どう？面白くない？
すげえ面白い！

何が
なにやら
さっぱり
だけど
まあ
いいか
私の
存在価値は
なかったなぁ

だ
大丈夫！
物理なんかわかんなくても問題ねえよ
はあ？
それより野球の応援でもこねえか？
はあ？
球がゆがむくらい飛ばすぜ

アインも真っ青だ
ジーワ
ジーワ
ミーン
ミーン
ジーワ
ミーン
ミーン
ミーン
もう外は夏だぜ
なぐさめてるつもり!?
なっなんだこのアマ!
ワー
ワー
ワー

TEAM
SEIGAKU
R
H
PL 1B 2B 3B LL
S
B
O
H
E
Fc
TEAM

ワー
ワー
しかしまさか
本当にここまで
くるとはなあ
牧野
先生
突然松山
の頭が
別人になった
のは
久保聡美
マジックと
いわれとるが
デンチューは
もともと賢い
んですよ
ワー
ワー

カチーン
カチーン
タ…イム
なにびびってんのよ
しっかりしなよもう!
ここでしっかり抑えないと今までやってきたことが全部なしなんだよ
妙なところで繊細なんだから!
おっおちついてな
おまえがな

だいじょうぶ
前だったらきんちょうしてビビリまくったとこだけど……
今は野球が楽しいよ
す…すごいねおまえは
ガリレイは言いました
どうせ減るもんじゃなし
へ？
いや
こっちのはなし

よし
ここは
思い切って
目いっぱい
体重をのせて
腕を振って
いこう
重い
ストレート
で
重い
ストレート！

しまって いくぞー
よーし 一番 重い球で

漫画家のあとがき

聡美たちにはさんざん「物理は難しくない」と言わせてきましたが、とんでもありません！　マンガにするには、物理はたいそう難しいジャンルでした。わかっている人には、あくびが出るほど簡単なことが、わからない人には呪文のように理解できない。この差が格差社会の年収なみにかけ離れていて、どこに焦点をしぼっていくのか最後まで悩みました。わからない人はそもそもどこからわからないのか、どのくらいのレベルから話を始めればいいのか、高校生いや中学生でも理解できるものでなければいけないのではないか……などなど。

ああでもないこうでもないと描き直しを続けるうちに、三回の全面描き直しによって、ネーム（下書きのようなもの）は山のように積み重なり、仕上がりは正味二五〇ページほどですが、その裏には大量の没画稿が宇宙のダークマターのごとく漂っているとお考えください。――ああ、またいい言い訳を考えついたなオレ。

当初二年くらいで出来ると思っていましたが、結局、五年もかかってしまいました。一〇年後も二〇年後も読み続けられるようなものを、と考えて描いておりますが、反省すべきところが多々あります。取り組み始めた五年前も、ちょっともう野球は古いかなぁと感じてはいましたが、それから数年でこれほど急激に廃れてしまうとは思ってもいませんでした。一〇年後に読ん

だとき、野球ってどんなルールだっけ？　という学生がたくさんいたら、なんのためにわかりやすさを重視して描き直しを重ねたのかわからなくなります。サッカーにしておけばよかったのかな。あるいはテニスとか……。いやもう遅いんですけどね。

マンガとしても面白いようにと、当初二人だけのキャラしかいなかったところに、恋のライバルとして「えいみ」を、コントラストをつけるためにキャッチャーのタブチくん（違う！）を追加しましたが、キャラが多くなりすぎてまとめるのに苦労しました。あと一〇〇ページもあれば、韓流ドラマのような複雑な恋愛関係を描ききることもできたのに、いや残念だなぁ（棒読み）。

原作の関口先生にはいろいろとご迷惑をおかけしましたが、やっとできましたよ。お待たせしました。何度も何度もネームを送って添削していただいたものを、ごっそり切って捨てたりしてまるで前に進めませんでした。最後にどっさり送りつけ、急がせてしまって申し訳ありません。さらに、途中で定年を迎えてしまったのにもかかわらず、怒濤のがぶりよりで原稿を取って行った編集担当さん、心よりお疲れ様を言わせてください。

そして最後にこの本を買ってくださった読者のみなさん、どうもありがとうございます。物理は難しくありませんよ（笑）。いや本当に！

二〇〇八年八月

鈴木みそ

参考文献

・ぼくらはガリレオ　板倉聖宣　岩波科学の本　一九九八年
・図解雑学 重力と一般相対性理論　二間瀬敏史　ナツメ社　一九九九年
・物理なぜなぜ事典1　江沢洋／東京物理サークル編著　日本評論社　二〇〇〇年
・図解雑学 科学のしくみ　児玉浩憲　ナツメ社　一九九七年
・図解雑学 相対性理論　佐藤健二監修　ナツメ社　一九九六年
・相対性理論は不思議でない　杉本大一郎　岩波書店　一九八七年
・質量の起源　広瀬立成　講談社ブルーバックス　一九九四年
・川勝先生の物理授業（上巻）力学編　川勝 博　海鳴社　一九九七年
・ぼくだってアインシュタイン1　月とリンゴの法則　福江 純　岩波書店　一九九四年
・アインシュタインロマン2　NHKアインシュタイン・プロジェクト　NHK出版　一九九一年
・現代の科学9 近代物理学の誕生　I・B・コーエン　河出書房新社　一九六七年
・宇宙のからくり　山田克哉　講談社ブルーバックス　一九九八年
・忘れてしまった高校の物理を復習する本　為近和彦　中経出版　二〇〇二年

参考文献

・高等学校 改訂 物理Ｉ　第一学習社　二〇〇七年
・高等学校 物理Ｉ　三省堂　二〇〇八年
・たのしくわかる物理１００時間・上　東京物理サークル編著　あゆみ出版　一九八九年
・仮説実験授業研究会の授業書「力と運動」　板倉聖宣『科学教育研究』
・いきいき物理わくわく実験　愛知・岐阜物理サークル編著　新生出版　一九八八年
・新しい高校物理の教科書　山本明利／左巻健男編著　講談社ブルーバックス　二〇〇六年

発刊のことば

科学をあなたのポケットに

二十世紀最大の特色は、それが科学時代であるということです。科学は日に日に進歩を続け、止まるところを知りません。ひと昔前の夢物語もどんどん現実化しており、今やわれわれの生活のすべてが、科学によってゆり動かされているといっても過言ではないでしょう。

そのような背景を考えれば、学者や学生はもちろん、産業人も、セールスマンも、ジャーナリストも、家庭の主婦も、みんなが科学を知らなければ、時代の流れに逆らうことになるでしょう。

ブルーバックス発刊の意義と必然性はそこにあります。このシリーズは、読む人に科学的に物を考える習慣と、科学的に物を見る目を養っていただくことを最大の目標にしています。そのためには、単に原理や法則の解説に終始するのではなくて、政治や経済など、社会科学や人文科学にも関連させて、広い視野から問題を追究していきます。科学はむずかしいという先入観を改める表現と構成、それも類書にないブルーバックスの特色であると信じます。

一九六三年九月

野間省一

N.D.C.423　277p　18cm

ブルーバックス　B-1605

マンガ 物理《ぶつり》に強《つよ》くなる
力学は野球よりやさしい

2008年 8 月20日　第 1 刷発行
2021年 3 月18日　第14刷発行

原作　関口知彦《せきぐちともひこ》
漫画　鈴木《すずき》みそ
発行者　渡瀬昌彦
発行所　株式会社講談社
〒112-8001 東京都文京区音羽2-12-21
電話　出版　03-5395-3524
販売　03-5395-4415
業務　03-5395-3615
印刷所　（本文印刷）豊国印刷株式会社
（カバー表紙印刷）信毎書籍印刷株式会社
本文データ制作　講談社デジタル製作
製本所　株式会社国宝社

定価はカバーに表示してあります。

ISBN978−4−06−257605−5

さくいん